·农民致富关键技术问答丛书·

杏扁高产稳产关键技术问答

温林柱　编著

北京市科学技术协会支持出版

中国林业出版社

图书在版编目（CIP）数据

杏扁高产稳产关键技术问答/温林柱编著．—北京：中国林业出版社，2007.1

（农民致富关键技术问答丛书）

ISBN 978－7－5038－4577－2

Ⅰ．杏…　Ⅱ．温…　Ⅲ．杏－果树园艺－问答　Ⅳ．S662.2-44

中国版本图书馆 CIP 数据核字（2006）第 109504 号

出版：中国林业出版社（100009　北京市西城区刘海胡同 7 号）

网址：http：//www.cfph.com.cn

E-mail：public.bta.net.cn　电话：66184477

发行：新华书店北京发行所

印刷：北京昌平百善印刷厂

版次：2008 年 1 月第 1 版

印次：2008 年 1 月第 1 次

开本：850mm×1168mm　1/32

定价：6.00 元

序

杏扁是河北省对甜仁用杏的统称，甜杏仁是我国特有的干果之一，它不仅我国人民喜食，而且是我国出口创汇的重要种类，在国际市场上享有盛名。多年来我国甜杏仁年产量长期徘徊在1万吨左右，远远满足不了市场的需求，产量不高的重要原因是：许多地区大多把杏扁树种植在土壤瘠薄的荒山上，由于土壤中的有机质含量很低，又加上肥水管理不力，栽培技术不到位，甚至弃管撂荒，所以产量很低。2003年，全国甜杏仁的栽培面积达255 236公顷，产量为11 693吨，平均每公顷只有45.8千克，其中有许多是近年才种植的幼树，尚无结果，但是依这种粗放的管理水平，即使达到了结果树龄，也不会取得很好的经济效益。所以加强栽培管理很重要。

河北省蔚县是我国仁用杏的主产地之一，也是'优一'等仁用杏优良品种的发源地。本书作者温林柱高级农艺师，从1982年毕业于河北农业大学园艺系之后，一直在蔚县从事仁用杏丰产栽培技术的指导和研究工作，是中国园艺学会李杏分会的理事。他在长达24年的辛勤实践中，积累了丰富的生产经验。2005年5月6日，该县遇到了-4℃的罕见晚霜冻害，一般杏扁园基本绝收，而他指导下的5亩杏扁园却奇迹般的收获了1550千克杏核，平均每亩收入仍达4200多元。

现在他又以多年积累的宝贵经验写出了《杏扁高产稳产关键技术问答》一书，书中没有奢谈时髦的生物技术，字字句句都是实实在在的经验结晶，语言朴实无华、通俗易懂，全书都是在教你如何去做才能解决问题。从这本书中我们看出，作者继承并发扬了我国老一辈农业技术推广员的负责精神和高尚品格，毫不保留地把实用技术奉献给读者，相信读者会从这本书中受益。

我认为这本书写得及时，写得好，可以解决目前生产中的许多实际问题，是果农们不可多得的好书，也是农林院校师生、基层农业技术推广人员、生产单位领导者的上佳参考书。

中国园艺学会李杏分会

理事长：张加延

二〇〇六年一月八日

前　　言

杏扁（仁用杏）因其适应性强、耐寒、耐旱、耐瘠薄、经济价值高等特点，使近些年发展很快，尤其是“三北”地区发展更快，形成了若干个面积上百万亩的种植基地，并且成为了当地的支柱产业。为了顺应这种形势，特将本人二十余载的工作和研究经验归纳总结在一起，编写了这本小书。希望该书的出版能给蓬勃发展中的杏扁产业以帮助，能为广大果农解决生产上存在的问题。

本书在编写过程中，得到了蔚县科技局和蔚县杏扁经销总公司等部门领导的大力支持，范根局长、李崇胜副局长、史强主任为本书提供了部分照片；中国农业科学院果树研究所的著名果树专家汪景彦研究员为本书绘制了部分插图；辽宁省果树研究所原所长、中国园艺学会李杏分会理事长、国家李杏研究领域首席专家、国务院津贴获得者张加延研究员也为本书欣然作了序，在此一并致以衷心的感谢。

限于本人的水平，书中一定会有不少谬误之处，敬请读者不吝指正。

温林柱

2006 年 1 月

目　录

一、基础知识

1. 杏扁是一种什么果树?

杏根据其用途分为肉用杏（或叫鲜食杏）、仁用杏和仁肉兼用杏。仁用杏又分甜仁类和苦仁类。杏扁是仁用杏中甜仁类当中的优良品种和类型的总称，是普通杏与西伯利亚杏的自然杂交种。杏扁原产于张家口的蔚县、涿鹿、赤城等县，以及北京郊区。杏扁在辽宁被称为扁杏，在山西、陕西被称为仁用杏。

2. 杏扁树有哪些重要特性?

杏扁树与其他果树一样，也有其特性，与栽培管理密切相关的特性有 10 点：①根系发达。杏扁树根系强大，在土层深厚的土壤中，垂直根系可深达 10 米，水平根系可超过树冠的 3 ~ 5 倍。因此决定了它具有抗旱、耐瘠薄、适应范围广的优势。②对地势、土壤要求不严。③树体耐高温也耐低温。杏扁树对温度范围适应很广，既可耐 43℃ 的高温，又可抵抗 −40℃ 的低温。④怕涝。地面积水超过 3 天可引起早期落叶，甚至全株死亡。应注意防洪排涝和避免在低洼处建园。⑤喜光。杏扁树为喜光树种，应栽植在阳坡和半阳坡上。⑥萌芽力强、成枝力弱。幼树期不疏枝，多短截。易形成大量的结果能力强的花束状果枝和短果枝，所以结果早、易丰产。⑦芽具有早熟性。杏扁树芽早熟，当年可形成二次枝、三次枝，便于提早成形，提早结果。⑧潜伏芽寿命长，容易更新复壮。⑨花期早，易受晚霜危害，生产中应注意预防花果冻害。⑩成熟期早，营养积累时间长，花芽分化充实，大小年结果现象不明显。

二、建园技术

3. 在什么样的地方栽杏扁树合适?

杏扁树耐寒、耐旱、适应性强，年均温6℃以上，海拔1200米以下的地方均可栽植。但为了获得较高的产量和经济效益，应选择向阳、干燥、开阔的地方栽种杏扁树，避免在低洼易积水和容易积聚冷空气的地方建园。

4. 杏扁主栽品种有哪些? 怎样选择?

杏扁品种虽没有其他果树那么丰富，但也有不少优良品种和类型，目前发现的已有30多个。常用的主栽品种有以下几个。

‘龙王帽’：别名大扁、龙皇大杏仁，是一古老品种，原产于张家口地区。杏果、杏核及杏仁均为杏扁老品种中的最大者，出口最受欢迎。平均单果重15克左右，平均单核重2.3克左右，平均单仁重0.75克左右。杏果出干率15.8%、出核率17.3%、出仁率5.6%，杏核出仁率30%。每产1千克杏核需果5.8千克，每产1千克杏仁需杏果18千克。

‘一窝蜂’：又叫次扁、小龙王帽。因其坐果率高，结果状像蜂窝一样而得名。平均单果重8克左右，单核重1.8克左右，单仁重0.68克左右。果实出干率12.5%、出核率20.5%、出仁率8%，杏核出仁率38.2%。每产1千克杏核需果4.9千克，每产1千克杏仁需杏果12.5千克。是老品种当中出仁率最高的品种。

‘白玉扁’：或称柏峪扁，也是一古老品种。与前二个品种的区别为树冠大、树姿开张；果实圆形、白黄色，近熟期果实多数自然裂开，杏核有时自然落地；杏核圆形，下端皱缩；杏仁圆形、白色、口感好。可做为‘龙王帽’和‘一窝蜂’的优良授粉品种。平均单果重 12 克左右，单核重 2.1 克左右，单仁重 0.7 克左右。果实出干率 12.5%、出核率 17.6%、出仁率 6.0%，杏核出仁率 30%。每产 1 千克杏核需果 5.7 千克，每产 1 千克杏仁需杏果 17 千克。

‘优一’：也被叫作薄壳一号，是原张家口地区林科所与蔚县科技局共同选育的抗冻品种，花期可抗 -6℃的低温。花期和成熟期比‘龙王帽’晚 2～3 天，枝条比‘龙王帽’色深顺直，苗木尖削度大、分枝多，花瓣淡粉色、萼片深红色，花期观察很容易与‘龙王帽’等老品种区分。平均单果重 9 克左右，单核重 1.7 克左右，单仁重 0.6 克左右。果实出干率 14%、出核率 18%、出仁率 8%，杏核出仁率 43%。每产 1 千克杏核需果 5.6 千克，每产 1 千克杏仁需杏果 12.7 千克。是目前出仁率最高、核壳最薄、抗冻能力最强、品质最好的杏扁品种。其缺点是仁小，果枝易枯死，连续结果能力较差，耐瘠薄能力没有‘龙王帽’强。

‘三杆旗’：河北蔚县选出的抗冻品种，花期可抗 -5℃的低温，抗旱能力特强。平均单果重 7.5 克左右、单核重 1.5 克左右、单仁重 0.6 克左右。果实出干率 14.2%、出核率 22%、出仁率 8.9%，杏核出仁率 40%。每产 1 千克杏核需果 4.6 千克，每产 1 千克杏仁需杏果 11.2 千克。果实、杏核及杏仁均为圆形，杏仁淡黄褐色，双仁比较常见。

‘丰仁’：为辽宁果树研究所选育的新品种。平均单果重 13.2 克左右、单核重 2.2 克左右、单仁重 0.89 克左右。果实出核率 16.4%，杏核出仁率 39.1%。杏仁饱满、味香甜。极丰产。

‘超仁’：来源同丰仁。平均单果重 16.7 克左右、单核重 2.2 克左右、单仁重 0.96 克左右。果实出核率 18.5%，杏核出仁率 41%。核壳比‘龙王帽’薄，杏仁比‘龙王帽’大，产量比‘龙王帽’高。

‘油仁’：来源同丰仁。平均单果重15.7克左右、单核重2.1克左右、单仁重0.9克左右。果实出核率16.3%，杏核出仁率38.7%。仁大而饱满、味香甜，含脂肪量高达61.5%，是杏仁中脂肪含量最高的品种。

‘国仁’：来源同丰仁。平均单果重14.1克左右、单核重2.4克左右、单仁重0.88克左右。果实出核率21.3%，杏核出仁率37.2%。

具体选哪几个做主栽品种，应根据各地的具体情况而定。一般自然气候条件比较好的地区应选用‘龙王帽’、‘丰仁’、‘超仁’、‘国仁’、‘油仁’等品种来作主栽品种，用‘一窝蜂’、‘优一’、‘白玉扁’等来作辅助品种；干旱少雨的坡地应选用‘三杆旗’、‘一窝蜂’、‘丰仁’、‘龙王帽’来做主栽品种；而气温较低，冻害较频繁的地方应选用‘优一’、‘三杆旗’来做主栽品种。

5. 杏扁是否需要配置授粉树？怎样配？

杏扁虽为异花授粉植物，但也有一些自花结实能力，一般品种的自花结实率为1%～4%，最高者5.5%，最低者为0%。这样的结实率远远不能满足丰产的需要，必须配置适宜的授粉树。生产中的自然坐果率一般为9%～36%，基本能够满足丰产的需要，这并不能否定配置授粉树的需要。因为现在的成龄杏扁园实际是一个多品种、多类型的混杂杏树园，这对提高杏扁自然坐果率起了很大作用。今后发展的杏扁园不再是品种大杂园，而将是品种优良化、栽植标准化、管理科学化的高标准园，如不配置适宜的授粉品种，那么自然坐果率实际就成了自花结实率，难以保证高产稳产。

根据以往授粉试验，几个主栽品种的最佳授粉树配置为：‘龙王帽’配‘白玉扁’、‘一窝蜂’配‘白玉扁’、‘白玉扁’

配‘龙王帽’、‘优一’配‘三杆旗’。配置比例为4～5:1，即4～5行主栽品种配1行授粉品种。

6. 怎样确定栽植密度?

新建杏扁园一亩地栽多少株合适，要依据土壤肥力、水浇条件、品种及管理水平来定。一般土壤肥沃、肥水条件好，宜适当稀植，因为在这种条件下，树体往往生长旺盛，容易形成大冠，杏园易郁闭；相反条件下，单株发育较小，不易郁闭，应适当密植，以充分利用土地和阳光。生长势强、树姿开张的品种（如‘白玉扁’、‘龙王帽’）不宜过密，而生长势较弱，树姿不开张的品种（如‘一窝蜂’、‘优一’）则可适当密植。管理水平高可以密植，管理水平低应该稀植。

在目前条件下，酌情选用以下几个密度：2米×4米（83株）、2.5米×4米（67株）、3米×4米（55株）、3米×5米（44株）、3米×6米（37株）。

7. 怎样整地挖定植坑?

首先按照预定的株行距标定栽植点，注意横竖斜成行，然后挖坑整地。坑的大小依土质而定，土层深厚肥沃可小些，一般60厘米见方即可；土层薄贫瘠，板结或碎石多的地块应大些，一般不小于1米见方。挖坑时表土与底土分放。挖好后及时回填，以防失墒。回填时下部施入有机肥或作物秸秆、杂草等，中部用熟土回填并施入0.5～1千克杏扁专用肥或其他三元素复合肥，上部填至距地面20厘米时即可，有条件的浇水沉实，没条件的边填边踩实。坡地整地时用剩余的生土和石块在下方修筑拦水埂。通过挖坑整地可以提高坡地拦蓄地表径流的能力，提高土壤含水量，增强抗旱能力；通过整地挖坑将熟土和肥料填入底部，增加土壤养分含量，有利于快长树、早丰产。

8. 什么时候栽树好？怎样栽？

北方栽树有二个时期，一个是秋季苗木落叶后，一个是春季苗木发芽前。秋季栽植成活率较高，生长早，但增加了埋土防寒和撤防寒土二道工序，比较麻烦。春栽省工，但成活率没有秋栽的高，苗木发芽也迟。具体什么季节栽还应具体问题具体分析。如果水源方便春栽好，没有水源秋栽好。有的地区试行秋季带叶栽植，成活率更高。

栽植方法分以下几步：

①苗木准备。苗木在栽植前应进行品种核对，并对苗木进行检查，剔除根系过少和严重受伤的苗木，进行苗木分级，按大小分别栽植。栽前对苗木进行修剪，划开接口塑料条，剪去剪口上残桩，剪平伤根，促进愈合和发新根。外地调入的苗木因长途运输根系失水较多，运到后应立即打开包装，用水浸泡根系，待根系和枝条吸足水后再栽。

②浇底水。旱地栽植前应放入底水，每穴 15 ~30 千克。

③定植。待水渗下后放入苗木，舒展根系，前后左右对齐，接口略高于地面，填土踩实。定植不可过深，否则易出现闷芽假死现象。

④作畦浇水。有水浇条件的地方在栽后立即进行作畦浇水，待水渗下后撒土覆盖和整平畦面。

⑤埋土防寒及撤防寒土。秋栽的苗木，为防止越冬冻害，应于土壤封冻前进行埋土防寒。较细的苗木弯曲后埋入土堆中，较粗的苗木定干后埋过剪口 3 ~5 厘米。越冬后萌芽前撤除防寒土。

9. 怎样管理小树？

栽后管理的主要任务是保活、促长、早成形、早结果，重点做好以下几项工作：

①定干。春栽的栽好后，秋栽的撤土后及时定干。定干的目的是促发骨干枝、培养树形。在旱坡地定植的杏扁树定干应低些，以利抗旱，防止焦梢，定干高度掌握在30～60厘米；在河川区及容易发生晚霜的地方定干应高些，以利降低冻害程度，定干高度掌握在60～100厘米。定干时若预定高度没有饱满芽，应上下浮动剪到饱满芽处。

②铺膜。北方春季地温低，小树发芽生长缓慢。为此应在春季覆盖地膜，以利提高地温和保墒，促进生长。蔚县代王城镇2001年秋栽植了2000亩杏扁树，其中地处张南堡地段的100亩连续二年覆盖了地膜，四年头上已成树形，满树开花，看起来要比其他同期栽的树大二、三年。覆膜方法：整平树盘，由二人撑起一块1米见方，厚度0.014毫米的地膜，从中心穿过小树干，四周和中心用土压牢即可。

③套袋。为防止金龟子和象鼻虫等啃食幼芽和促进萌芽生长，定干铺膜后在小树顶部套一个长20～30厘米，宽10～15厘米的透明塑料袋，厚度不限，上下扎实口。待枝叶长满袋时用香头烧眼通风，并选择阴天或傍晚撤袋。

④补栽。定植前应预留一部分苗木以备补栽用。小树发芽后及时检查成活率，及时进行补栽，以利园貌整齐。有一些小树虽未发芽，但枝条不干不抽，这是栽植过深造成的“闷芽”现象，遇到这种情况应拔起重栽或清去过深的土。

⑤追肥浇水。当新梢长至20厘米时应追施一次速效肥，每株施入100克高氮速溶追施肥或尿素，在距小树20～30厘米处挖深20厘米的小坑施入。有水浇条件的发芽前浇一次水，结合追肥再浇一次水。

⑥中耕除草。生长期中耕除草2～3次。

⑦防治虫害。生长期注意防治金龟子、蚜虫、毛虫等保护枝叶生长。

三、土壤培肥调理技术

10. 杏扁园的土壤经几年栽培后会发生什么变化?

杏扁树因其耐寒耐旱适应性强，多数栽植在干旱贫瘠的坡地上，又因其根系强大、遍布全园，故而耕翻困难，加上当初整地标准不高，因此造成土壤板结、通透性差，易发生土传病害(如根腐病)，施肥困难，中耕费力等不良现象，迫切需要进行培肥调理。

11. 怎样才能改善杏扁园土壤状况?

要改变杏扁园目前这种土壤状况，就必须应用土壤培肥调理技术。这一新技术包含两个方面的内容，一是培肥、二是调理，两者相辅相成、缺一不可。所谓培肥，就是增施有机肥和生物肥，减少化学肥料的使用量，使土壤逐渐变的肥沃，恢复地力；所谓调理，就是通过使用“免深耕”土壤调理剂，打破板结，疏松土壤，增加土壤的透气性，协调水肥气热诸因子，促进有益微生物的活动，抑制有害微生物的繁殖，从而达到改善土壤物理结构，使土壤变的深厚、疏松、透气、保肥、保水。通过二者的有机结合，达到土壤培肥调理的目的。

12. “免深耕”土壤调理剂是一种什么产品?

“免深耕”土壤调理剂是目前国内唯一获得农业部审定登记的高科技土壤改良产品。该产品靠内含的高活性物质，通过水为媒介，对土壤进行一系列的物理作用而完成对土壤的改良。它促进土壤形成良好的团粒结构，使土壤变得疏松，深度可逐步达到

1米左右；增加土壤胶体数量，提高土壤保肥、保水能力；促进土壤微生物的繁殖，增加微生物种类和数量；减轻土传病害；促进物质的分解、转化和利用，降解土壤有害物质，清洁田园，提高肥料的利用率。该产品属国家专利产品和科技部重点星火计划产品，并获得科技部农业科技创新基金专项支持。

13. “免深耕”土壤调理剂的作用机理是什么？

“免深耕”土壤调理剂的作用机理主要有以下6点：

①可降低土壤水分的表面张力，使土表迅速湿润，水分很快渗透到土层中。

②有很强的亲水性，在其作用下土壤中的有机质能迅速吸水膨胀，土粒失水而收缩，从而使土壤孔隙度增加，蓄水能力增强。

③具有极性，可使土壤微粒之间、微粒与有机质之间胶合在一起形成良好的水稳性团粒结构，从而增强土壤的透气透水能力。

④具有丰富的功能基因，能增加土壤胶体数量。土壤胶体增多后，就能固定更多的肥料养分，提高肥料的利用率，减少肥料的淋溶、径流损失。

⑤可不断扩展延深改善土壤结构，使耕作层不断延深到100厘米的塑底层。

⑥能促进土壤水、肥、气、热四大肥力因素相互协调，从而为作物根系生长提供优良的土壤环境。

因此，“免深耕”可从根本上改善土壤结构，从而使土壤变得深厚、疏松、肥沃，有利于土壤微生物的生存和繁殖，增加微生物的种群和数量，促进对植物残体的分解、转化和利用，可以有效地降解农药等残留毒物，清洁土壤。

14. 杏扁园如何使用“免深耕”土壤调理剂？

“免深耕”使用不受季节限制，北方除冰冻季节外，其余时间均可使用。未使用“免深耕”前，一般土壤均存在不同程度的板结，故第一年使用二次效果为好，以后每年只需使用一次，三年过后可实现免耕。根据土壤的板结和黏重程度，每亩每次使用“免深耕”200～400克，对水100千克均匀喷施于地表。一年若施用二次，应在春季和秋季施用。

注意事项：①免深耕内含的高活性物质只有水才能激活它。因此，在喷施时，要注意保持土壤湿润，旱地杏园最好等雨喷施。②免深耕可以结合除草与某些除草剂混合使用，但禁止与芽前除草剂混用。③免深耕对玉米、西瓜、烟叶等幼苗有一些药害，使用时应注意尽量不要喷洒到这些作物的幼苗上。④免深耕对除上述三种作物以外的任何作物安全，对土壤和环境无毒无害，请放心使用。⑤幼龄杏园为节省开支可只喷比树盘稍大的地面，成龄杏园应全园喷施。

15. 使用“免深耕”土壤调理剂的实际效果如何？

杏扁园和其他果园使用免深耕均收到了非常显著的效果，下面介绍几个实例。

实例1：河北省蔚县下宫村乡北绫罗村段成龙2004年在自己的5亩12年生杏扁园中分二次喷施了免深耕，每亩每次200克，当年表现出树上枝繁叶茂、叶片增大变厚，杏核出仁率增加；树下土松草旺，锄地省劲、拔草容易。挖出土对比，喷过免深耕的色深疏松、土块易碎，而没喷的土色浅坚硬、土块不易碎。2005年5月6日当地遭受到－4℃的低温冻害，喷过免深耕（树上同时喷施了PBO）的杏扁树幼果受冻率为14.6%，而没有喷免深耕加PBO的树幼果受冻率为98.2%。

实例 2：河北省肃宁县肃宁镇东泽城的李金虎在自家种植的苹果、山楂园里，按说明书喷施免深耕后，仅短短一个月时间，果园原本很板结的土壤就出现惊人的变化，土壤疏松深度竟达 50 厘米，而且疏松后的土壤通气、湿润，团粒结构良好，苹果、山楂树就像刚追了一次肥一样，长势喜人，叶片变绿有光泽，果实膨大快，不掉果，无病害。事实上比往年每亩地少追了 10 千克化肥。

实例 3：河北省固安县柳泉镇西红寺村的赵书海，秋季在 60 棵桃树地里抱着试试看的态度喷施了免深耕，发现深层泥土变暄，浇水渗得快，下铁锨不粘泥，而且桃叶油绿发亮，果实又大又匀，不仅丰产了，而且还卖了个好价钱。

16. 使用“免深耕”经济上划算吗?

有人认为使用“免深耕”是为了替代耕地，而耕一亩地的价格是畜耕 15 元、机耕 10 元，使用免深耕 18～36 元，经济上不合算。从表面看来确实如此，但细分析一下便可得出使用“免深耕”经济上划算的结论。

一是，使用“免深耕”后土壤疏松不板结，暄地深度可达 1 米，扎根容易，根系发达，吸收功能迅速增强，就像施过一次肥一样，而畜耕和机耕是做不到的。二是，使用“免深耕”后增加了土壤胶体数量，可以大量吸咐肥料养分，减少肥料的流失，提高肥料的利用率，相对而言就等于减少了施肥量。三是，使用“免深耕”后土壤蓄水保水能力增强，水地可以减少浇水次数，旱地可以提高抗旱能力。四是，使用“免深耕”后土壤透气性增强，氧气增多，有害微生物（属厌氧菌）的活动和繁殖受到抑制，土传病害减轻。综上所述，使用“免深耕”虽然增加了一些开支，但省肥、省水、省药、省力，节省下的费用远远大于增加的“免深耕”开支，经济上是划算的。

四、杏扁园施肥技术

17. 杏扁树一年应施几次肥?

杏扁树施肥次数应根据树体所处的年龄时期来定。幼龄树一年只追一次肥，时间在发芽期前后；初果期树一年可追二次肥，一次在发芽前，一次在硬核期之前；盛果树期一年应施三次肥，一次在开花前 7 ~ 10 天，一次在硬核期前，另一次在采收后至封冻前。此外结合防治病虫害叶面喷肥 2 ~ 3 次。

18. 杏扁树施什么肥好?

杏扁树耐瘠薄、适应性强，生产实际中管理比较粗放，经常可以遇到自栽上以后就没有施过肥的园子，像这种情况施什么肥都好，都能增产。但要想获得较高的产量和经济效益，就必须按照杏扁树的需肥规律，有选择性地施肥。杏扁树前期对氮素敏感，中后期对钾和磷敏感。因此前期以速效性氮肥为主，中期以磷钾肥为主，配合氮肥，后期以磷钾肥为主，控制氮肥。

以盛果期树为例，第一次肥（花前 7 ~ 10 天）施高氮速溶追施肥或尿素或大三元复合肥；第二次肥（硬核期前，蔚县在 5 月下旬）施杏扁专用肥或大三元复合肥；第三次肥（采收后）施有机肥或杏扁专用肥。

19. 大三元复合肥有何特点?

大三元复合肥是相对氮磷钾三元素复合肥（小三元）而言的，它是由生物肥、有机肥和无机肥复合而成的。“龙跃牌”大三元复合肥（三门峡龙飞生物工程有限公司生产）是在日本酵素菌菌种基础上，与科研单位共同开发研制的新一代多元复合菌肥（双色大颗粒）。该肥集生物肥、有机肥、无机肥三肥于一体，各种养分合理搭配，肥效均衡持久、急缓相济，是目前国内先进的生物复合肥料之一。该肥有以下三个特点：①提高化肥利用率，肥效均衡持久。该肥将生物肥料的“促”、有机肥料的“稳”和化学肥料的“速”三效融为一体，养分全面，肥效急缓相济，可显著提高化肥利用率。②改良土壤结构，减轻病害发生。该肥含有酵母菌、放线菌、有益细菌三大类微生物菌群，肥料中有效活菌数很高，施入土壤后，促进有机质分解，增强土壤蓄肥、保水能力，改善单施化肥导致的土壤板结等弊端，抑制病原菌的活动，有效预防土传病害的发生。③提高作物产量，改善农产品品质。该肥含有有机质和解磷、解钾、固氮菌，施入土壤后作物生长健壮，产量显著提高，而且硝酸盐含量大幅降低，产品品质提高，是改善环境、改良土壤、生产无公害果蔬产品的理想用肥。

20. 杏扁专用肥有何特点？

杏扁专用肥（“囤满”牌）是蔚县杏扁经销总公司与保定千禧复合肥有限公司合作开发的杏扁特配肥。该肥针对杏扁产区的土壤养分状况和杏扁树生长结果需肥规律，除保证一定含量的氮、磷、钾三要素外，特别加入了硼、铁、锌、钙等微量元素，可明显提高杏扁坐果率，防止因缺铁而发生黄叶病，因缺锌而发生小叶病，因缺钙而导致抗冻能力降低等生理性病害及冻害。

21. 怎样给杏扁树施肥？

杏扁树施肥首先应确定一个量，根据日本长野县的经验（见表1），初步制定出2~11年生杏扁树施用几种肥料的参考用量（见表2）。

表1　不同树龄的杏树施肥量（克/株）

养分	2~3年	4~5年	6~7年	8~9年	10~11年
纯N	100	200	300	500	700
P_2O_5	50	100	150	250	350
K_2O	80	150	250	400	600

表2　不同时期杏扁树施肥量参考（千克/株）

肥料名称	养分含量	幼龄树	初果期		盛果期		
	$N\text{-}P_2O_5-K_2O$	2~3年生	4~7年生		8~11年生		
	有机质活性菌	发芽期	第一次	第二次	第一次	第二次	第三次
大三元复合肥	28-10-7　20% 0.2亿/克	0.36	0.72~1.08		1.79~2.50		
杏扁特配肥	9-8-8			1.88~3.13		5~7.5	5~7.5
高氮速溶追施肥	24-0-6	0.28	0.56~0.83		1.83~1.94		
尿素	N46	0.22	0.44~0.66		1.09~1.52		
BB肥	17-17-17			0.88~1.47		2.35~3.53	2.35~3.53
复合肥	16-8-16	0.42	0.83~1.25	0.94~1.56	2.08~2.92	2.5~3.75	2.5~3.75
农家肥						100	
备注	每次施肥任选其中一种，盛果树第三次肥有机无机混用时应减半。						

化肥（追肥）的施用以穴施为好，即在树盘内（树冠垂直投影下）挖若干点状穴，深20~30厘米，施入肥料与土拌匀，覆土后浇水。基肥（有机肥）的施用以放射沟状施为好，这样伤根少，肥料与根接触面大，有利于吸收。方法是在树干周围向不同方向挖4~8条深30~50厘米（内浅外深）、宽20~30厘米（内窄外宽）的放射沟，长度视树冠大小而定，以超出树冠50厘米为宜，将肥料施入沟内与土拌匀，然后覆土踩实，施肥后及时浇水。基肥应于采收后及早施入，以利有腐熟的充分时间，便

于及时供应当年的花芽分化和次年春季的开花坐果所需的营养。

22. 叶面追肥有何好处？怎样进行叶面追肥？

叶面追肥也叫根外追肥，是一种以叶面喷布的形式给树体追肥的快速而有效的方法。优点是养分直接由叶片和树皮吸收，见效快，省肥、省水、省工，可结合喷药防治病虫害进行。

叶面追肥宜避开高温，这样水分不致很快蒸发，便于叶片的吸收。叶面追肥应严格掌握浓度，不可过浓，否则易引起肥害。喷施的浓度生长前期淡些，后期浓些。一般尿素用 200 ~ 500 倍液，磷酸二氢钾用 300 ~ 400 倍液，硼砂用 200 ~ 400 倍液，过磷酸钙用 100 ~ 200 倍液。硼砂在花期用，尿素在 4 ~ 7 月用，磷酸二氢钾和过磷酸钙在 6 ~ 8 月用。

23. 穴贮肥水是怎么回事？

在干旱少水的地方，常规施肥往往赶不上杏扁生长发育的需求（肥料遇不到水难以发挥作用），采用穴贮肥水施肥技术可以很好地解决这一难题。具体方法是：在树冠的周围，挖深 30 ~ 40 厘米、直径 20 ~ 30 厘米的穴坑 4 ~ 8 个，将作物秸秆扎成捆，稍低于穴深，用肥水浸过，塞入挖好的穴坑中，上部覆土 5 厘米。贮穴做好后，根据施肥计划，将肥料配成一定浓度的液体肥，分施于各穴中，施后在穴口上盖一张塑料膜，防止水分蒸发。穴施肥水施肥法省水省肥，增产效果明显，对干旱地区特别有效。

五、杏扁园水分管理技术

24. 什么是水地杏扁园？怎样浇水？

有灌溉条件的杏扁园，一年应浇 2 ~4 次水。第一次水可在杏树开始萌动时浇，最迟不能晚于花前 7 ~10 天，这次水是必需的，可以保证开花、坐果、幼果发育和新梢生长的水分供应，可以有效防止幼果大量脱落，还可推迟开花 2 ~3 天，有利于躲避晚霜。第二次水应在硬核期浇，这个时期是杏扁需水的临界期，此时缺水将影响杏核的出仁率，此时如没有透雨，浇一水是绝对必要的。第三次水在采收后结合施肥浇，此期土壤干旱将影响花芽分化的质量。第四次水在落叶后至封冻前浇，可保证根系在冬春有一个良好的发育，为下年的丰收打好基础。如果浇水前已经使用过“免深耕”土壤调理剂，而且已经过一段时间，完全可以少浇 1 ~2 次水，因为使用过“免深耕”的土壤疏松、蓄水能力强。

条件比较好的地方可采取喷灌、滴灌和渗灌等先进灌溉方法，这样既节约水，灌溉效果又好。

25. 土壤板结、容易积水的地块怎样管理？

土壤板结、容易积水的地块浇水时，水下渗缓慢，根系发育不良，甚至因土壤不透气会造成根系窒息而死。这种地块首先要使用“免深耕”土壤调理剂，待土壤疏松透气后转入正常管理。方法是第一年每亩使用 800 克“免深耕”，于解冻后至发芽前和雨季，分二次在浇一水或等雨后喷于地表，第二年使用 200 克喷一次即可。

26. 旱地杏扁园土壤水分有何变化规律?

旱地杏扁园的土壤水分年动态与水地园不同，有着其独特的变化规律。据调查，旱地杏扁园土壤水分年变化规律为：春季为失墒期、夏季为低墒期、秋季为蓄墒期、冬季为稳墒期。春季土壤含水量呈下降趋势，到夏季达到最低，秋季土壤水分开始回升，到冬季达到最高，并稳定下来。从土壤水分的垂直变化来看，表层土含水量最高（8.2%），而且变化幅度大（4.8% ~ 14.4%）；根层和底层土含水量较低（7.0%），变化幅度较小。

27. 怎样进行旱地杏扁园土壤水分管理?

根据旱地杏扁园土壤水分变化规律和杏扁生长发育需水规律，运用各种手段，有效地进行土壤水分的调控，使树体能够获得尽可能多的水分营养。早春地膜覆盖树盘减少蒸发，雨季引地表径流入园增加蓄水量，施用免深耕疏松土壤增加雨水下渗等，应作为旱地杏扁园水分管理的三条关键措施。另外，应做好以下几项管理：①搞好水土保持、修整树盘、挖鱼鳞坑及中耕除草。②树盘覆草，结合秋刨树盘一年翻一次。③全园耕翻，秋耕比不秋耕土壤含水量高 3% ~7%。④施用高效保水剂和土壤强力增墒剂。

六、杏扁园化学除草技术

28. 化学除草是怎么回事?

顾名思义，化学除草就是通过使用化学药剂（通称除草剂），而达到消灭杂草的目的。化学除草大致分两种方法，一是芽前封闭，即不让杂草萌芽出土；二是茎叶处理，即将出土后的杂草直接杀死。

29. 杏扁园常用除草剂都有哪些?

除草剂按其作用方式分为苗前封闭除草剂（如氟乐灵、扑草净、宣化乙阿等）和苗后茎叶处理除草剂（如精喹禾灵、百阔净、草甘膦等）。按其除草范围又分为选择性除草剂（如防除阔叶田中禾本科杂草的精喹禾灵和精稳杀得，防除禾本科田中阔叶杂草的百阔净和2,4-D丁酯）和灭生性除草剂（如草甘膦、农民乐、百草枯等）。灭生性除草剂又可分为内吸传导性除草剂（草甘膦类）和触杀性除草剂（百草枯类）。除草剂的种类很多，杏扁园和其他果园常用的除草剂有以下几种：

（1）10%草甘膦水剂：属广谱内吸传导灭生性茎叶处理剂。对防治果园多年生宿根性杂草很有效。该药遇土钝化失效，因此不会影响下茬作物。由于属灭生性除草剂，故而使用时注意不要喷洒到树叶和其他作物上。用药量的多少应根据杂草的种类和生长情况而定。防除一年生杂草，一般每亩用1～1.5千克药对水喷雾；防除多年生宿根杂草，一般每亩用1.5～2.5千克药对水45千克喷雾；防除杂灌木，一般每亩用2.5～4千克药对水60千克喷雾。杂草死亡时间为7～15天。使用草甘膦防治恶性宿根草时应注意以下几点：①在杂草旺盛生长期用药效果好。②晴天气温高时用药。③喷水量每亩要达到45千克以上。④加助剂时最好加入害立平或消抗液或除草伴侣，最好不加洗衣粉。

（2）74.7%农民乐水溶性粒剂：美国孟山都公司制造。作用方式及注意事项同草甘膦。除草效果优于草甘膦。用水量为一亩地用二桶（30千克），用药量为每亩100～500克，一年生杂草用药量100克，多年生宿根草用药量200克，芦苇用药量300克，杂灌木用药量500克。杂草死亡时间为5～10天。喷草甘膦需淋洗式喷洒，喷农民乐挂住药就行。

（3）20%百草枯（克芜踪）水剂：属广谱灭生性速效触杀型茎叶处理剂，无内吸传导作用。百草枯作用非常快，施药后2小时便可见杂草变色，6小时死亡。百草枯只能使着药部位受害，也不能穿透木栓化的树皮，一经与土壤接触即被吸附钝化，因而施药后有杂草再生现象，则只可斩草，不能除根。百草枯用药量为每亩200～400克，对水45千克均匀喷雾。喷洒时加入0.1%害立平可增效减量。注意不要喷到树叶和其他作物上。

（4）15%精稳杀得乳油：属选择性内吸传导茎叶处理剂，对禾本科杂草（窄叶草）具有很强的杀伤作用。在发生禾本科杂草为主的果园或杏扁园，于杂草3～5叶期采用该药每亩75～125毫升，对水30～45千克喷雾，防除一年生草效果较好；提高用量到每亩160毫升，防除多年生芦苇、茅草等也有效。对药时加入0.1%害立平或四千分之一消抗液效果更好。

（5）5%精喹禾灵（禾草克）乳油：新型选择性内吸传导茎叶处理剂，对阔叶作物（包括果树）安全，对禾本科杂草防治效果好。在以禾本科杂草为主的果园和杏扁园，于一年生杂草3～5叶期，每亩用本品60～90毫升，对水30～45千克喷雾，可防除稗草、鸡爪草、狗尾草、狗牙根、白茅、看麦娘、早熟禾、野黍子等绝大多数禾本科杂草。加入0.1%害立平或四千分之一消抗液可显著提高药效。

(6) 48%氟乐灵乳油：属选择性芽前除草剂，用于果园防除一年生禾本科杂草与部分小粒种子阔叶杂草。当发芽的杂草种子经过药土层时，禾本科杂草通过芽鞘吸收，双子叶杂草通过下胚轴吸收，药剂进入杂草体内影响细胞激素的形成和传递，抑制细胞的分裂，从而导致杂草死亡。氟乐灵易挥发和光解，施药后必须立即混土3~5厘米，以保证药效。在春季杂草出土前，每亩用该药100~200毫升、对水30~45千克喷于地表并立即混土和镇压保墒。

(7) 50%扑草净可湿性粉：属选择性内吸传导型芽前除草剂，可被杂草的根和茎叶吸收，然后传至其他部位，进而抑制杂草的光合作用，阻碍糖类的合成及淀粉的积累，使杂草因得不到养分饥饿而死。用于果园和杏扁园防除一年生及某些多年生杂草，可在杂草1~2叶期作茎叶处理，兼除未出土的杂草。每亩使用该品200~300克。该除草剂除草活性高，不可随意加大用量，以免产生药害。过于干旱的土壤和有机质含量低的沙质土壤容易产生药害，不宜使用。该药在土壤中的持效期为20~40天。

(8) 33%除草通（施田补）乳油：属选择性除草剂，既可用于芽前土壤处理，也可用于芽后1~2叶期茎叶处理。作用机理主要是通过幼芽、茎和根吸收药剂，抑制分生组织的细胞分裂，进而阻碍杂草幼苗生长，最终导致杂草死亡。在果园和杏扁园杂草萌芽出土时用该药200~300毫升，加水配成药液喷于土表，可防除多种一年生禾本科杂草及部分阔叶杂草。在土壤中持效期长达45~60天。

(9) 24%果尔（乙氧氟草醚）乳油：属选择性触杀型芽前或早期芽后土壤处理除草剂。通过胚芽鞘、中胚轴进入杂草体内，根部吸收很少，在杂草体内传导性也很差，只有在光照条件下才能发挥杀草作用，故而用药后不能混土。杀草谱广，用于果园和杏扁园防除一年生阔叶草、莎草和稗等禾本科杂草，对多年生杂草也有抑制作用。用量为每亩 40 ~ 60 毫升。持效期为 2 ~ 3 周。

杏扁园及其他果园可以用的除草剂还有杀草丹、特草定、草乃敌、毒草胺、恶草灵、达草灭、磺草灵、五氯酚钠、圃草定、杀草强、敌草晴、虎威、敌草隆、茅草枯、茵达灭、伏草隆、大惠利、利谷隆等，在此不再赘述。

30. 杏扁园怎样进行化学除草?

在杏扁园的日常管理中，除草是全年一项重要而持续时间最长的工作。从 4 月中旬到 9 月上旬，一般的杏扁园均需中耕除草 4 ~ 6 次，甚至更多，深感劳力紧张，因而不可避免地使树体管理受到影响。利用除草剂来防除杂草，简便易行，节省劳力，效率高效果好，值得大力推广。

杏扁园中的杂草，按生育周期划分，有一、二年生杂草和多年生杂草。一、二年生杂草按生育季节又分为春草和夏草。春草集中于早春萌发生长，前期受低温、干旱等气候影响，生长量较小，故有充足的时间进行人工或机械铲除，不易形成草荒；而夏草多在春末夏初开始生长，恰逢高温多雨，长势较为迅速，防治稍不及时，便可酿成草荒。多年生杂草一般要比一、二年生杂草危害重，而且较难铲除。因此，杏扁园的化学除草重点应放在多年生杂草和一、二年生杂草的夏草上。在选择除草剂时，应尽量选择那些杀草范围广、持效时间长、对树体没有药害的除草剂类型。

多年生杂草的防治。防除多年生宿根杂草，主要是依靠具有内吸传导作用的灭生性除草剂草甘膦系列，如 10% 草甘膦、16% 草甘膦、41% 农达、58% 草净灵、74.7% 农民乐、88.8% 飞达红等，其中以 10% 草甘膦应用最普遍，以 74.7% 农民乐应用效果最好。在杂草旺盛生长的6～8月份用药，叶面积越大、密度越大，防除效果越好。白草多的地块，用10%草甘膦50倍液加入0.1%害立平或四千分之一消抗液进行防治，或者使用74.7%农民乐200倍液。尖草多的地块，用10%草甘膦30倍液加0.1%害立平或四千分之一消抗液，或74.7%农民乐150倍液。防除杂灌木用10%草甘膦10倍液加害立平或消抗液，或农民乐75倍液。使用草甘膦时每亩用水量不低于45千克（即3喷雾器以上）；使用农民乐时每亩用水量不低于22.5千克（即1.5桶水）。选择晴天气温高时用药。严禁喷到树叶及其他作物上。

一、二年生杂草的防治。防治一、二年生杂草应采用芽前封闭与茎叶处理相结合。防治春草可在杂草出土前至杂草1～2叶期或者锄完第一遍草后，喷48%氟乐灵或50%扑草净或33%除草通或24%果尔，用量用法参照上题各药介绍；防治夏草可在春末夏初杂草出土前喷洒上述药剂，或在杂草长至一定高度时用20%百草枯（克芜踪）除治。当禾本科杂草大发生时，可用5%精喹禾灵或15%精稳杀得进行防除。

31. 影响化学除草效果的因素有哪些？怎样提高化学除草的效果？

影响化学除草效果的因素主要有以下几方面：①土壤气候条件。包括土壤质地、土壤湿度、气温、降雨等。黏土比沙土效果好；一定的土壤湿度利于药效发挥，干旱和湿度过大影响药效；气温高比气温低药效好；茎叶处理遇雨降低药效，芽前封闭遇小雨药效好。②用药量。用药量达不到规定剂量影响除草效果，太大又容易造成药害，用药量够但用水量太少也达不到预期效果。③药剂种类。除草剂有很强的选择性，每一种除草剂都有其特定的除草范围，选择不当效果肯定不会理想。④杂草的大小。一般芽前除草剂要求杂草处于发芽状态最好，最迟不要超过2片叶。

用喹禾灵防治禾本科杂草的最佳施药期，是杂草 3～5 叶期，过大过小效果都不好。⑤喷雾器质量及施药技术。喷雾器的质量也会影响到除草效果，尤其是进行茎叶处理时。喷雾器质量好，雾化程度高，出水均匀，雾点细，则除草效果好。施药人员喷布细致、周到、均匀则除草效果好。⑥助剂种类。这是最为关键的因素之一，助剂的好坏，直接影响到除草剂的使用效果。同一厂家生产的同一含量的草甘膦，在分别加入了不同助剂的情况下，其表现截然不同，加入害立平或消抗液的杂草 3 天开始变黄，10 天死亡；加入其他增效剂的 5 天开始变黄，12 天死亡；加入洗衣粉的 7 天开始变黄，15 天死亡，甚至不死亡。在蔚县曾经发生过一公司用户用河北某厂生产的草甘膦加洗衣粉防除多年生宿根杂草，杂草没有死，正准备起诉厂家时，听说另一处集体杏扁园同样用的是同一厂家的草甘膦，但加的是害立平，效果不错，草全死了。该公司随后改用加害立平，结果不错，这才打消了状告厂家的念头。

综上所述，提高化学除草的效果，应做好以下几点：①旱地使用芽前封闭除草剂要等雨或加大喷水量，保持地表湿润。沙性地尽量不使用芽前除草剂。②喷洒草甘膦、农民乐及百草枯等茎叶处理剂时，应避开阴雨天，在气温高的晴天喷施。③要掌握合适的用药量。④把握好用药时机，芽前封闭型除草剂应在杂草出土前使用；防除多年生宿根杂草应在杂草旺盛生长期、有一定高度和叶面积时用药；用精喹禾灵防治禾本科杂草时，应在 3～5 叶期施药。⑤要选用质量好的、有注册商标和“CCC”认证的正规厂家生产的喷雾器。如卫士牌、泰山牌、协丰牌等。⑥加入好的助剂，如害立平、消抗液、除草伴侣、增效宝等。

七、杏扁树整形修剪技术

32. 杏扁树整形一般采用哪些树形？

整形的目的在于造就坚实的树体骨架，便于负载更多的产量。合理的树形应符合早结果、早丰产、易管理、抗逆性强的要求。目前生产上杏扁树常用的树形为自然圆头形和疏散分层形。在土地条件差的山坡地也可采用开心形。近些年也有在密植园试行扁平形和 V 字形的，但为数不多。

（1）自然圆头形。这种树形是顺应杏扁树的自然生长习性，人为稍加调整而成。没有明显的中央领导干，在主干上着生 5 ~6 个主枝，除最上部一个主枝向上延伸之外，其余几个皆向外围伸展、插空错开排列。各主枝上每隔 40 ~50 厘米留一个侧枝，侧枝上下左右分布均匀，成自然状。在侧枝上形成各类果枝并逐渐形成枝组（图 1）。这种树形的优点是修剪量小、成形快，定植后 3 ~4 年即可成形，结果早、易管理；缺点是到后期树冠容易郁闭，内部小枝枯死，骨干枝下部易光秃，结果部位容易外移等。

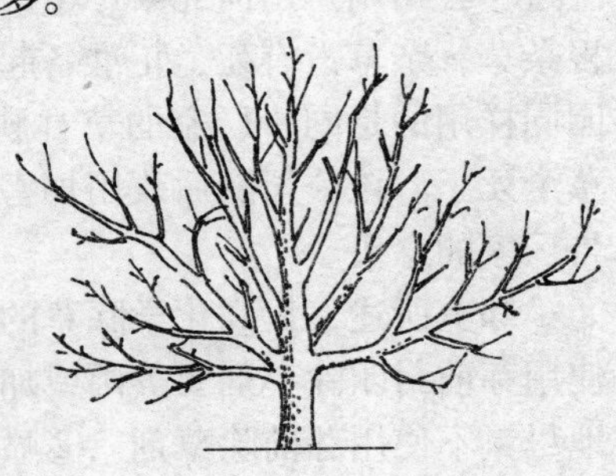

图 1　自然圆头形

（2）疏散分层形。这种树形适用于干性比较强的品种，株行距较大、土层深厚的地方多采用这种树形。它具有明显的中央领导干，6 ~8 个主枝分层着生在中央领导干上。第一层有 3 ~4 个主枝，第二层 2 ~3 个主枝，第三层 1 ~2 个。层间距为 60 ~

80 厘米，层内主枝间上下距离20～30 厘米。各主枝上着生侧枝，侧枝前后距离 40～60 厘米。在侧枝上着生结果短枝和结果枝组（图2）。这种树形的优点是主枝分层着生，树体内部光照好，内膛充实，枝量大，产量高，树体经济寿命长；缺点是成形慢，控制不好容易形成上强下弱，骨干枝下部提早光秃。

图2　疏散分层形

（3）自然开心形。这种树形适合于干旱地区选用，特点是树冠较矮，无中心干，主枝较少。其整形方法是在整形带内选留3～4 个不同方向的主枝，各主枝上下间距 20～30 厘米，水平方向上彼此互为 90～120 度角，主枝的基角大约在 50～60 度之间，每个主枝上留 2～3 个侧枝，其上错落着生各类果枝和枝组。因主枝开张角度大，易生背上枝，可及时培养成大型枝组（图 3）。这种树形的优点是树体较小，透光好，成形快，结果早，适于密植，而且耐旱；缺点是主枝容易下垂，结果量大时易压折枝条，造成残树，树下管理不方便，树体寿命较短。

图3　自然开心形

无论选用哪种树形，在整形过程中既要考虑预想的树形骨架，又要考虑到早期产量，对于暂时不影响骨干枝生长的枝条，不要急于去掉，可培养成辅养枝或临时性枝组，以增加早期的结果枝量，待预定的骨架形成后，再逐渐去掉。

33. 杏扁树修剪应在什么季节进行？

杏扁树修剪的目的在于改善树体内部的营养分配、平衡树势、调节生长与结果的关系。合理的修剪是保持高产稳产的重要措施之一。

杏扁树的修剪，有冬季修剪（休眠期修剪）和夏季修剪（生长期修剪）之分。冬剪是在落叶后至翌春萌芽前进行的，在这个较长的时期内，宁可晚些，不可过早，以利于养分的回流。以在春节后至发芽前进行最好。冬剪以短截为主疏间为辅，修剪量较大，对树体骨架的形成和营养的积累与分配有较大的影响，可以提高树体抗寒力，促进花芽进一步发育。所以杏扁园的修剪常以冬剪为主。夏剪是在树体萌芽后至落叶前的生长期进行的，它以抹芽、摘心、拉枝、扭梢和疏间为主要手段。夏剪可调节树体生长势、保持树冠内通风透光，促使花芽形成，提早成形，提早结果，因此也应给以重视。尤其是采果后进行秋剪，可以保证树冠通风透光，减少无效枝条的养分消耗，促进花芽分化和提高饱满程度，对于减轻早春花芽受冻和提高坐果率有一定作用，应该大力提倡。

34. 杏扁树修剪通常采用哪些剪法？

杏扁树的修剪方法主要有以下几种：

（1）缓放。又叫长放、甩放，即对一年生枝条不动剪子，任其自然生长。其作用主要是缓和枝条生长势，增加中、短枝和叶丛枝数量，枝条停长早，同化面积大，光合产物多，有利成花结果。但对幼树骨干枝的延长枝或背上枝、徒长枝不能缓放，弱树也不宜多用缓放。对生长旺，不易形成花芽的品种应连续缓放，待花芽形成后，再及时回缩，培养成枝组。

（2）短截。即剪去一年生枝条的一部分（图 4）。其作用

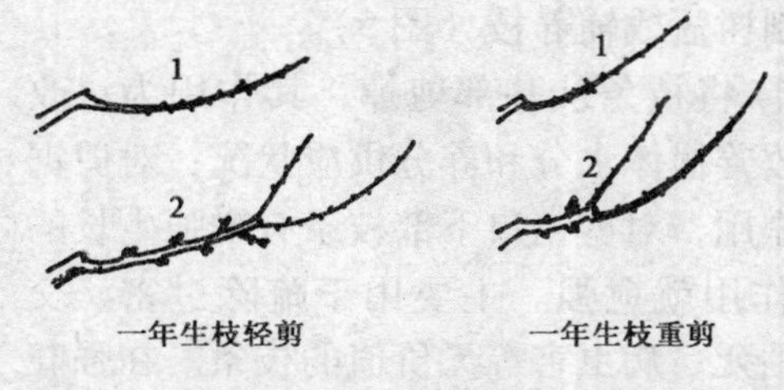

图4　一年生枝短截及效果

是：局部刺激生长，对剪口芽刺激作用最大，向下依次递减；提高萌芽力和成枝力；增加枝条尖削度和使骨架牢固；有利于快长树，不利于早结果。根据短截的程度分为：①极轻短截。只剪去顶芽或顶端部分，也叫打尖。②轻短截。一般剪去枝条的1/4～1/5，截后易形成较多的中、短枝，单枝生长较弱，但总生长量大，母枝加粗生长快，可缓和枝势，促进花芽形成。③中度短截。在枝条中上部饱满芽处剪截，一般剪去枝条的1/3，截后形成中、长枝多，成枝力高，生长势强，枝条加粗生长快。一般多用于各级骨干枝的延长枝或复壮树势。④重短截。在枝条的中下部剪截，一般剪去枝条的1/2～2/3，对局部刺激作用大，对全树生长量有削弱作用，有增强局部枝条营养生长的作用。一般多用于缩小树体，培养枝组，改造徒长枝和竞争枝。⑤极重短截。在枝条基部2～3厘米处剪截，只保留2～3个秕芽，可较强的削弱生长量，降低枝位，缓和树势。一般多用于竞争枝的处理，使其靠近骨干枝，形成小型枝组。

（3）回缩。又叫缩剪。对多年生枝条的短截叫回缩。一般修剪量大，刺激较重，有更新复壮的作用，多用于枝组或骨干枝的更新，以及控制辅养枝等，其反应与缩剪程度、留枝强弱、伤口大小等有关，如剪留强枝、直立向上枝、伤口较小，则可促进生长，反之则抑制生长。前者多用于

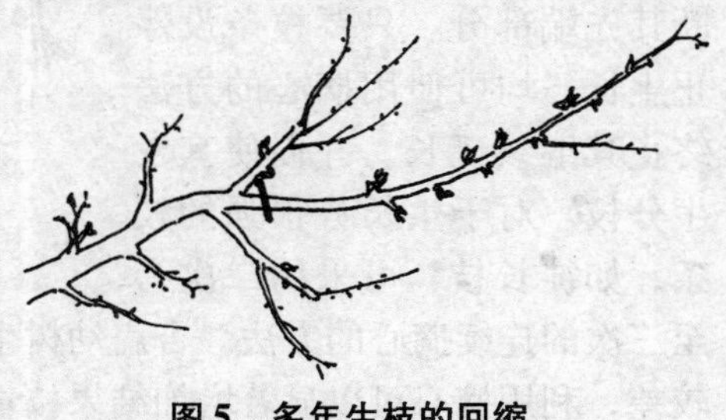
图5　多年生枝的回缩

更新复壮，后者多用于控制树冠或辅养枝（图5）。

（4）疏枝。也叫疏剪。将枝条从基部剪掉，其作用为：改善树冠内通风透光条件；改善树体水分和养分供应状况；对剪锯口上部枝条有削弱生长的作用，对剪锯口下部枝条有增强生长的作用，剪锯口愈大，上述作用就愈强。主要用于疏除过密、交叉、重叠、竞争、徒长、枯死、病虫害等无价值的枝条。在强旺树上去强留弱，缓和生长；在弱树上去弱留强，促进生长。疏除大枝，应分期分批逐年完成，不可一次疏除过多，并应注意不要造成“对口伤”，以免过分削弱树势。

（5）抹芽。也叫掰芽子。在春季杏树叶芽萌发，抽出2～5厘米长的嫩芽时，对于位置不当，数量过多的嫩芽可及时用手“抹去”，既节省养分，又不致留下残桩，是简便易行的夏剪手段，尤其对于新栽幼树、高接换头树和老树更新后所萌出的嫩枝，用抹芽的方法处理最为方便。抹芽应越早越好，过迟易留下疤痕，招致流胶。

（6）摘心。摘心是杏扁树夏剪的重要工作，用于将徒长枝、新萌出的更新枝以及没有发展余地的长枝等改造为结果枝组。摘心的适宜时期是当枝条基部已半木质化时，用手掐断其先端部分。只要枝条没停止生长，均可使用摘心的方法终止其继续延长，并促使其发生分枝。对于生长势很强的枝条，如徒长枝，可采用二次乃至三次的连续摘心的方法。杏扁幼树生长旺盛，萌芽力及成枝力较差，利用摘心可以显著增加结果枝量，提高早期产量（图6）。

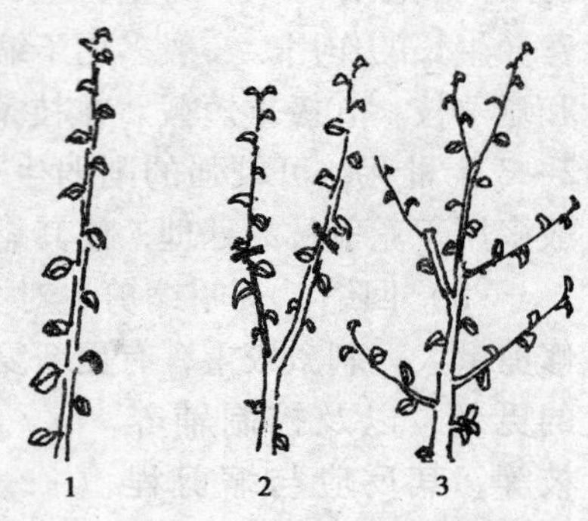

图6　徒长枝的修剪

1. 未摘心　2. 重摘心　3. 连续摘心

（7）扭梢。将枝条自其中下部用手拧转并使之下弯但不折断的一种小手术，目的是改善内膛的通风透光条件，控制旺长，促使形成结果枝。常用于将直立生长的背上枝、竞争枝及徒长枝改造成果枝，枝条经扭梢后，养分和水分运输受阻，生长势得以缓和，利于形成花芽。

（8）拉枝。对于长势旺、生长直立的枝条，为改变其生长方向，开张枝条角度，缓和枝势，要进行拉枝。方法是用细绳或细铅丝，一端固定在被拉枝的中部，一端固定在地上或主干、主枝上。为避免勒伤枝条，应在固定处垫以木片等硬物。

35. 不同类型的枝条怎样修剪？

杏扁树的枝条，一般有发育枝、结果枝、结果枝组、辅养枝、徒长枝和针刺状小枝之分，下面就其含义和修剪方法介绍如下。

（1）发育枝。也叫营养枝，只着生叶芽，有时也着生花芽，但坐不住果。多数生长在大枝的先端，用于扩大树冠或增加结果部位，修剪时除主侧延长枝要每年短截外，其他位置的发育枝应轻剪长放，增加枝叶量。对旺盛的一年生枝条，要采用拉枝、开张角度的办法缓和其顶端优势，减缓结果部位外移。

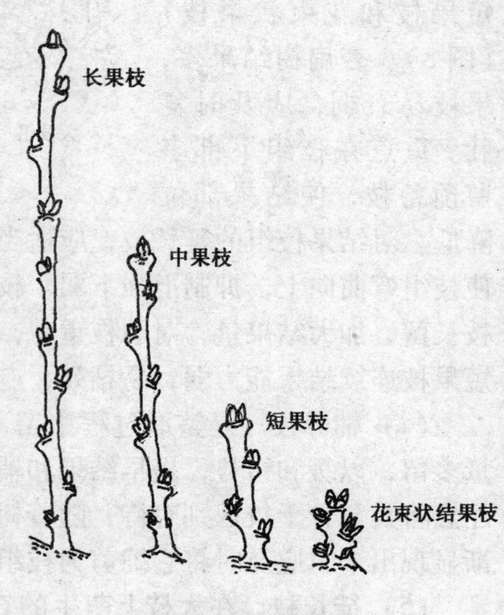

图7　果枝类型

（2）结果枝。着生花

芽和叶芽，以结果为主。按其长度可分为长果枝（大于 30 厘米）、中果枝（15～30 厘米）、短果枝（5～15 厘米）及花束状果枝（小于5 厘米）（图7）。长果枝着生部位空间小的可缓放不动，空间大的可留 7～10 个花芽剪截，但剪口芽必须是叶芽。中果枝一般留 5～7 个花芽剪截，促生分枝，培养成小型结果枝组。短果枝一般进行中度短截，但要保留其上的叶芽，若全为花芽，则保留顶芽。花束状果枝不要短截，细弱的疏除。

（3）结果枝组。又叫枝组、枝群，是着生在骨干枝上，由若干枝条组成的结果单位。在修剪时，要尽量多保留结果枝组，为增加结果部位，提高产量创造条件。结果枝组又分为大型枝组（有 12～17 个分枝）、中型枝组（有 7～11 个分枝）、小型枝组（有 2～6 个分枝）和串状果枝（有许多密集的短果枝和花束状果枝）（图 8）。杏扁树结果多，果枝易衰弱，应及时复壮。重点在枝组下部多留预备枝，使结果部位降低。对结果枝组的延长枝，应适当短截，改变其延伸方向，促使枝组弯曲向上，抑制上强下弱。枝组内的结果枝，强壮的中果枝长留，加大结果量，对弱枝重剪，以恢复树势。串状果枝上的短果枝连续结果能力弱，易枯死，应注意复壮和更新。

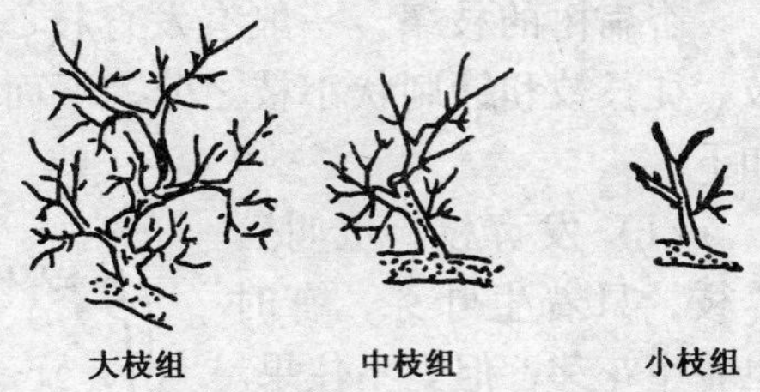

图8　枝组的类型

（4）辅养枝。是整形过程中留下的临时性枝。幼树期要尽量多留，以缓和树势，提早结果和辅养树体生长。但整形时，要注意将其与骨干枝区别对待，随着树体长大，与骨干枝的矛盾逐渐显现出来，应及时将它缩剪为枝组或去掉。

（5）徒长枝。在大枝上萌生的直立枝条，节间长、分枝少、长势旺、消耗营养多，一般应从基部疏除。如生长在空间较大处，可采取拉枝、重截、摘心等方法培养成结果枝组。

（6）针刺状小枝。在主枝上或主干上常发生短而尖的小枝，一般无顶芽，不延伸，有的成为花束状果枝，结果后枯死。这类小枝有结果能力的留下不动，其余的一律疏除。

（7）其他枝条的修剪。各级骨干枝上和串状果枝上的短果枝和花束状果枝不剪截；对部分无饱满顶芽的中等弱枝和强旺枝上的二次枝，应在较充实和有叶芽的部位剪截，以提高坐果能力和促发分枝，下部有分枝时，可在分枝处回缩，促生壮条，延长结果年限；中短枝过密的可疏除一部分弱枝；过密、交叉、重叠、枯死的枝条一律疏除。

36. 怎样培养结果枝组？

杏扁树的结果枝组担负着全树60%以上的结果任务，谁的树结果枝组培养的好，谁的树树冠就丰满，结果部位就不外移，产量就又高又稳。忽视结果枝组的培养与更新，必然导致树冠内膛枝条枯死，结果部位外移，产量下降。

杏扁树的结果枝组大体有以下4种，培养方法有所不同。①大型枝组。选用生长旺盛的枝条，如徒长枝、长果枝，留8～15个芽短截，促其萌发新梢，第二年对其萌发的中长枝条留3～5个芽短截，其余枝条适当疏除和缓放，经3～4年便可培养成大型枝组。②中型枝组。选用一年生健壮枝条，留5～7个芽短截，使其萌生3～5个健壮分枝，第二年再进行轻短截，延续其生长势，促发分枝，使其形成花芽，第三年便可形成中型结果枝组。③小型枝组。选用健壮枝条，留3～5个芽短截，促其分生2～4个健壮果枝，即成小型结果枝组。小型枝组形成快、结果早，但寿命短，应注意更新复壮。④串状果枝。由于杏扁树成枝力低，抽生长枝少，延长枝以下的长枝和有饱满顶芽的中等枝条尽量缓放不动，形成串状果枝结果。串状果枝上密集的短果枝势力均衡，能年年向前延伸结果。串状果枝有饱满顶芽的可继续延伸，增加结果部位。串状果枝先端明显衰弱的应及时回缩复壮，剪截到有饱满顶芽的强旺枝上，以继续带头延伸结果。在空间大的地方可重剪一年生强壮长枝，促生二、三个分枝后甩放，以增加串状果枝数量。

结果枝组的培养，通常采用二种手法，一种是先放后缩，即对一年生强旺枝缓放不动，待其分枝后再回缩成枝组（图 9）；另一种是先截后缩，即对强旺枝先进行短截，分枝后回缩成枝组（图 10）。

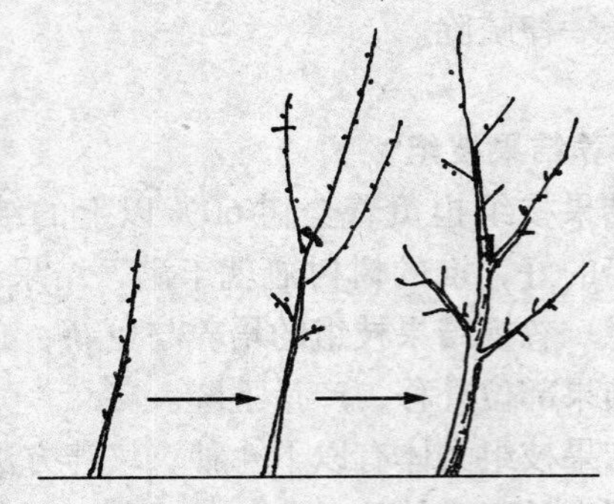

图 9　枝组培养（先放后缩法）

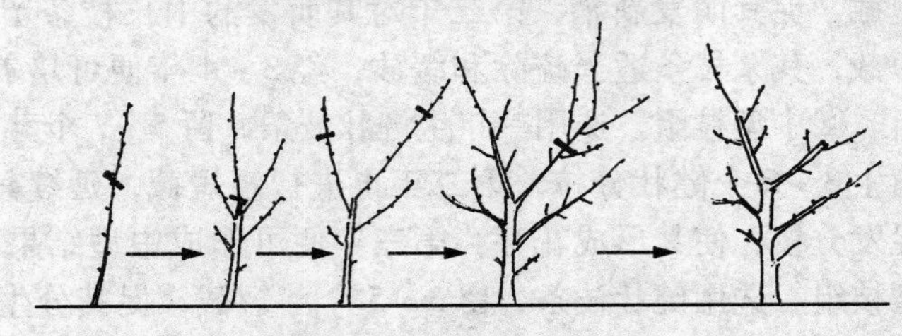

图 10　枝组培养（先截后缩法）

37. 幼树期杏扁树怎样修剪?

从苗木定植到见花见果的 2 ~ 4 年之内为幼树期。此期修剪的作用在于通过整形，建成合理的树体骨架，合理利用辅养枝培养结果枝组。修剪的主要任务是促进树体生长、扩大树冠、提早成形。对主侧延长枝进行适度短截，促使其萌发侧枝和继续延伸。由于杏扁树的发枝能力比较弱，因此对幼树的主侧延长枝的短截应重些，以剪去一年生枝的1/3～2/5为宜，这样可以在剪口下抽出2～3个较旺的新枝。对于有二次枝的延长枝的剪截，应视二次枝的发生部位而定，如二次枝着生部位较低，可在其前部短截，或选留一个方向好的二次枝改作延长枝，并进行短截。对于二次枝部位很高的延长枝，则可在其二次枝的后部剪截，以免因留的过长而造成后部光秃。对于一部分非骨干枝，如果影响到了骨干枝的生长，又没有利用前途，应及早疏除；凡位置合适、能弥补空档的枝条，则应缓放和轻短截，促其分枝，培养成结果枝组。对于幼树上的结果枝，一般均应保留。长果枝坐果率低，可进行短截，促其分枝培养成枝组，中短果枝是主要的结果枝条，可隔年短截，既可保证一定产量，又可延长其寿命。花束状果枝不修剪。

38. 初果期杏扁树怎样修剪?

杏扁树栽后4～6年进入初果期，这时候，经过整形修剪的幼树，仍然保持着很强的生长势，新梢生长量大，发育枝、长果枝、中短果枝等大量分生。总的来说，营养生长仍大于生殖生长。修剪的任务是：继续保持和培养树形；不断扩大树冠，完成树体基本骨架；增加枝量，培养尽可能多的结果枝组；缓和树势，适量结果，及早进入盛果期。修剪的要点为：①对主侧枝的延长枝在饱满芽处进行中截，继续扩展，促发分枝。②疏除骨干枝上直立的竞争枝、密生枝、重叠枝和膛内影响光照的交叉枝。③对主侧枝上的斜生枝、水平枝和下垂枝进行缓放，促其形成串状果枝。④短截部分非骨干枝、长果枝和强枝，促生分枝成为结果枝组。⑤中短果枝和花束状果枝缓放不动，以利早结果、早丰产。

39. 盛果期杏扁树怎样修剪?

经过前期的修剪管理，树体的大小，树形结构，各类枝条组成比例都已形成。杏仁的产量开始上升，表明已进入盛果期。盛果期的前期，由于大量结果，枝条的生长量明显减少，生殖生长开始大于营养生长。到了中、后期，树势大减，结果部位外移，树冠下部枝条开始光秃，产量下降。

盛果期修剪的中心任务是调节生长与结果的矛盾，平衡树势，防止大小年，推迟光秃，控制结果部位外移，延长盛果期年限，实现高产稳产。修剪的要点是：①坚持旺枝少截、弱枝多截的原则，加重对包括主侧枝的延长枝在内的发育枝的修剪程度，维持一定的生长势，一般剪截量为 1 年生枝的 1/3 ~ 1/2。②抬高主侧枝梢角，用背上或背斜旺枝带头，回缩原头。③疏除树冠中下部极弱的短果枝和枯枝，留下强枝，同时对留下来的中、长果枝也要适当短截。④疏除树冠中上部的过密枝、交叉枝和重叠枝，改善冠内光照。⑤对于连续多年结果而又表现出衰弱的结果枝组和辅养枝，应进行适当的回缩，一般回缩到多年生枝的分枝部位，促使基部的枝条转旺或萌生新枝。⑥旱坡地杏扁树上的串状果枝和伸出树冠上部的多年生枝条，易发生焦梢现象，遇到这种情况，应及时回缩到有较健壮分枝处。⑦膛内新发出的徒长枝将是结果的后备枝条，应予保留，并适时摘心或剪截，促生分枝成为结果枝组。

40. 衰老期杏扁树怎样修剪?

杏扁树进入衰老期的明显特征是树冠外围枝条的年生长量显著减小，只有 3 ~ 5 厘米长，甚至更短，而内膛枯死枝显著增加，骨干枝中下部开始秃裸，结果部位移到树冠外围，形成一把伞状。花芽瘪瘦，不完全花增多，落花落果严重，产量锐减。骨干枝后部萌发出较多徒长枝。

对衰老期杏扁树进行修剪的目的在于更新复壮树势、延长经济寿命。修剪的主要内容是骨干枝的重回缩和徒长枝的培养。主侧枝的回缩程度掌握“粗枝长留、细枝短留”的原则，一般可锯去原枝总长的1/3～1/2。为了有利于锯口的愈合，锯口应落在一个“根枝”上面3～5厘米处，“根枝”应是一个向上的、较壮的枝组或枝条，并同时短截。大枝回缩之后，更新枝可自“根枝”上发出，也可自锯口以下部位的隐芽发出。对于抽出的更新枝，应及时选留方向好的作为新的骨干枝培养，其余的及时摘心，促使其发出二次枝，形成果枝。对背上旺盛的更新枝，可留20厘米进行较重摘心，待二次枝发出后，选1～2个强壮者在30厘米处进行再次摘心，当年可形成枝组并形成花芽。对于膛内发出的徒长枝，应充分加以利用，可用上述方法进行连续摘心，培养成结果枝组，填补空间，增加结果部位。衰老树更新修剪之后，进行及时的摘心，可使树冠尽快恢复，并且在第二年便有可观的产量。

对衰老树进行更新修剪，应当配合疏松土壤（使用“免深耕”）和施肥浇水，才能收到预期效果，否则有可能将树“憋死”，即发不出枝来。因此，应在更新前的秋末，对衰老树先施一次肥，并浇足冻水。更新应在2、3月进行，以利伤口的愈合和潜伏芽的萌发。

41. 长期放任不管的杏扁树怎样修剪?

长期放任不管的树自然生长，树冠郁闭，树形紊乱，大枝基部光秃，树冠内部空虚，结果部位外移，产量低而不稳。对于这类树，首先应适当疏除一些大枝，打开光路。对一些基部光秃的骨干枝和大枝组进行重回缩，促生新枝。据涿鹿县赵家蓬区试验，轻度和中度修剪对于放任低产杏扁树的改造比较适宜，既可达到恢复树冠、调整树形的目的，又可迅速增加产量。而重度修剪虽可多发新枝，但对近期产量影响较大。

长期放任生长的杏扁树，树冠外围枝条下垂，应注意选留背上枝换头，以抬高角度。对于病虫枝、枯死枝、穿膛枝应予彻底疏除。对于内膛空间大的地方萌生的徒长枝则应加以利用，改造成枝组以弥补空间，增加结果部位。

应当指出的是，对放任生长的杏扁树修剪不要过于强求树形，只能随树作形，因树修剪，否则会造成大砍大拉，修剪过重。原则是打开光路，平衡树势，增加产量。

42. 过密交叉的杏扁树怎样修剪?

这一类的树多数是由于株行距配置不当或主侧枝选留不当，对主侧枝没有及时控制造成的，其后果是树冠交叉郁闭，产量直线下降，经济寿命锐减。对这类树主要采取改造的方法，如株行距过小，可隔行去一行或隔株去一株，加大株行距。在修剪上对交叉枝或碰头枝，可插空缩剪、换头，必要时可疏掉。交叉树重回缩某一枝时，则应去弱留强，以保持一定的长势，不致于使树势变弱。

43. “小老树”如何修剪?

“小老树”是指虽然树龄不大，但长势显著衰老的树，也叫未老先衰。造成这种树的原因有三个，一是肥水管理太差，导致营养不良；二是土壤板结，扎根困难，根系生长受阻；三是当初苗木质量有问题，根系不好。解决的途径自然是对症下药，首先应加强肥水管理，深翻扩穴或施用“免深耕”土壤调理剂，树上喷促长剂，如硕丰 481、雷力 2000 等。在修剪上，对各级骨干枝的带头枝，在2年生部位留壮枝壮芽回缩。对发育较好的中、长果枝重剪，促发旺枝。疏除过多的花芽和过密的短果枝及花束状果枝，减少结果量。总体上来说，就是促营养生长、控生殖生长。

44. 高接换头杏扁树怎样修剪?

对实生苗或劣质杏树高接改换杏扁后，对砧木树上萌发的大量原生枝芽要及时抹除，减少养分竞争，确保良种枝芽生长发育。成活接芽长到30厘米时要重摘心，促使其分枝，加粗生长、提早恢复树形。延长枝位置上长出的竞争枝或背上长出的徒长枝，在未木质化之前从基部扭转、拉平，保证延长枝的健壮生长。接口上成活2个以上的高接新枝，选一个方向、角度合适的作延长枝，其余的采取弯、扭、拉、摘等方法控制生长，但让其存在，以利接口愈合。对强旺的、直立的新枝要及时剪截，促生分枝，扩大树冠。对各大主枝的新头要及时绑设支架保护，防止风折。冬剪时对当年形成的各主枝延长头剪截1/3。内膛斜生小枝一律不动，促其成花。

八、杏扁园病虫害防治技术

45. 危害杏扁树的虫害主要有哪几种?

危害杏扁树的虫害分以下几类：①蛀果性害虫。主要有杏仁蜂和李小食心虫（杏蛆）。②蛀干性害虫。主要有杏树小蠹虫和桃红颈天牛。③枝叶害虫。种类较多，主要有杏球坚介壳虫、杏桑白介壳虫、杏象鼻虫、东方金龟子、苹毛金龟子、蚜虫、天幕毛虫、杏星毛虫、黄刺蛾、粘虫、山楂红蜘蛛等。

对杏扁树生长和结果危害较重的虫害主要是：介壳虫类、小木蠹、金龟子类、蚜虫、杏仁蜂和食心虫。其他害虫在正常管理的园子一般造不成危害。

46. 危害杏扁树的病害主要有哪几种?

危害杏扁树的病害常见的有：杏疔病、杏树流胶病、细菌性穿孔病、杏果实褐腐病、杏树根腐病、杏疮痂病、杏叶焦边病等。其中发病范围广，危害比较大的是：杏树根腐病、细菌性穿孔病、流胶病、杏疔病等。

47. 杏扁园常用高效低毒农药有哪些?

经过各地多年的使用，证明以下农药对杏扁园的常见病虫害有很好的防治效果，而且低毒，对人畜和环境安全，符合无公害要求，现推荐给大家。

1.8%齐螨素（阿维菌素、减担子）乳油：属高效低毒广谱生物杀虫杀螨剂，具有超强渗透力，能快速穿透害虫体壁，解除害虫体内的抗原，能达到正面施药、背面死虫的效果。杏扁园主要用于防治食心虫、蚜虫、红蜘蛛等。使用倍数为 2000 ~ 4000 倍。生产厂家众多，以黑龙江省绥化农垦晨环生物制剂有限公司生产的减担子和河北金德伦生化科技有限公司生产的齐螨素质量较为可靠。

20% 桃小立杀乳油：该药是针对钻蛀性害虫近年来抗性日益严重而开发的第三代超强渗透型桃小类害虫杀虫剂，能极快地融化并穿透害虫皮层，进入机体内部而达到迅速杀卵、灭虫的目的。杀虫谱广，可防除多种果树主要害虫，是果园全程杀虫剂中的精品。可与波尔多液现配现用，并具有增效作用。卵果率达 1% 时喷药防效最佳，要注意喷在幼果花萼处（杏果果柄处及叶背）卵密集处，间隔 10 ~ 15 天再喷一次。杏扁园主要用于防治食心虫，兼治其他虫害。使用倍数为 2000 ~ 3000 倍。

20% 食心耐克乳油：属高效低毒广谱杀虫剂，具有强烈的触杀和胃毒作用，速效性好、持效期长，使用安全。对食心虫等多种害虫的成虫、幼虫及卵防治效果显著。杏扁园主要用于防治李小食心虫、蚜虫、毛虫及红蜘蛛。使用倍数为 1500 ~ 2000 倍。

20% 速灭杀丁乳油：属高效、速效、广谱杀虫剂，具有强烈的触杀和胃毒作用，有一定的驱避作用和杀卵能力，但无内吸和熏蒸作用。气温低时比气温高时药效好。对鳞翅目、同翅目、直翅目、半翅目等上百种害虫有效，对螨类无效。杏扁园用于防治食心虫、毛虫、蚜虫。使用倍数为 3000 ~ 5000 倍。日本住友化学株式会社生产的最为正宗，药效最高。

4.5% 高效氯氰菊酯：属高效广谱杀虫剂，具有很强的触杀和胃毒作用，药效迅速，杀虫活性比氯氰菊酯高 1 ~ 3 倍，对某些害虫的卵也有杀伤作用，对红蜘蛛无效，对鳞翅目害虫特效。杏扁园主要用于防治各种毛虫。使用倍数为 2000 ~ 3000 倍。田间持效期 7 ~ 14 天。生产厂家众多，几个著名商标为苏州富美实公司的绿百事、加拿大龙灯高氯、南京红太阳高氯。

4.5%瓢甲敌乳油：对防治硬壳类害虫，如金龟子、象鼻虫、跳甲、天牛、二十八星瓢虫等，有特殊效果。具有胃毒和触杀双重功效，成虫爬行或飞行着落时通过足触药也可致死。渗透力强，对钻蛀性幼虫也具有良好的防治作用。杏扁园主要用于防治金龟子、象鼻虫、天牛。使用倍数为1000～1500倍。

蚜服（3%啶虫脒乳油）：是一种新型、高效、低毒的杀虫剂。科技含量高，用量少，作用机理独特，击倒速度快，持效期长，有正打反死之功效，无交互抗性，内吸性强，具有触杀和胃毒作用。对已产生抗性的各种蚜虫特效，对叶蝉、粉虱、介壳虫和潜叶蝇效果也很好。杏扁园主要用于防治蚜虫，并兼治介壳虫。使用倍数为2000～3000倍。黑龙江省绥化农垦晨环生物制剂有限责任公司生产。

闻愁（24.5%阿维·柴乳油）：是专门针对害虫抗性强、防治难而研制的高科技产品，是新型、高效、广谱的生物杀螨杀虫剂。具有强烈的胃毒、触杀作用。渗透性强，能迅速进入到植物表皮，持效期长，低毒，不易产生抗药性。杏扁园主要用于防治红蜘蛛，并兼治介壳虫。使用倍数为2000～3000倍。黑龙江晨环公司生产。

25%噻嗪酮（扑虱灵）可湿性粉剂：超高效、低毒、广谱，杀虫机理独特，抑制昆虫几丁质生物合成，干扰昆虫新陈代谢，使幼虫和若虫不能形成新皮而死亡。使用后3～7天出现明显防治效果，并可抑制成虫产卵及卵的孵化。对介壳虫、粉虱、叶蝉、稻飞虱防效好，对部分金龟子类害虫也有效。同时具备触杀、胃毒和内吸传导三大功效。使用方法灵活，可喷雾、涂干、浇泼。持效期30天，安全间隔期14天。杏扁园主要用于防治各类介壳虫，在越冬代和第1代卵孵化后的幼介扩散期，用1000～1500倍液喷雾。也可用涂干法防治，在3～4年生枝条上涂抹150倍液，每枝涂30厘米长，涂药后用塑料薄膜包扎，30天后解除。

蚧死虱净：该药是在保证原药有效成分的基础上，再加入相当的新型特效渗透剂加工而成的一种高效、广谱杀虫剂。具有极强的内吸、渗透性，能迅速溶解虫体表面蜡质，使药液渗入害虫体内致其死亡。可有效地防除介壳虫、梨木虱、蚜虫、食心虫、棉铃虫等害虫，并有良好的杀卵作用，尤其对介壳虫、梨木虱、蚜虫特效。杏扁园主要用于防治各类介壳虫，并兼治蚜虫和食心虫。使用浓度为1000～1500倍液。

20%杀扑·噻乳油：为新一代高效杀蚧杀虫剂，富含渗透和溶蜡增效成分，具有良好的触杀、胃毒和渗透作用，药液能渗入植物组织和介壳虫体内，对顽固性介壳虫有出色的防治效果。杀虫活性高，持效期长。介壳虫卵孵化盛期和第一代初现后20～25天为最佳施药期，一般用药1～2次。杏扁园主要用于防治球坚介壳虫和桑白介壳虫，使用浓度为800倍液。

一盖必死（20%阿维·唑磷乳油）：本品是在一盖死技术基础上研制的高效广谱杀虫剂。加入超强渗透剂和黏着剂，击倒速度更快，杀灭更彻底，效果更显著。具有正打反死之功效，对各种抗性害虫具有强烈杀灭效果。用于防治棉铃虫、粘虫、钻心虫、食心虫、二化螟、金龟子、蜻象、玉米螟、豆荚螟、造桥虫等效果很好。使用浓度为1000～2000倍。

3%辛硫磷颗粒剂：用于防治地下害虫（蝼蛄、蛴螬、地蛆、地老虎、金针虫）和在土壤中越冬的害虫（食心虫）。具有胃毒、触杀、熏蒸三大功效，以立体型全方位杀灭在土壤中的所有害虫。持效期长达2个月之久，施药一次，受益一季。属高效、低毒、低残留绿色环保产品。亩使用量为1～2千克。与土混匀均匀撒在地面后浅混土。施药后浇水或下雨，害虫大批死亡。

硫酸铜：广谱杀菌剂，具有很强的杀菌活性和保护作用，杀菌机理是铜离子与病原菌细胞膜上含 SH 基酶作用，从而改变膜的透性。还可以与病菌细胞膜表面阳离子交换，使细胞膜蛋白质凝固。主要用于配制波尔多液和浸种消毒。杏扁园主要用于治疗根腐病，方法是用 200 倍液灌根。

根腐灵（70% 敌磺钠可湿性粉剂）：具有一定内吸渗透作用，是良好的土壤处理剂，主要用于防治由腐霉菌属、藻状菌属、丝囊霉菌属引起的土传病害和根部病害。杏扁园主要用于防治杏树根腐病，使用 600 倍液灌根。

70% 甲基硫菌灵（甲托）可湿性粉剂：具有保护和治疗双重作用，是一种高效、广谱、内吸性杀菌剂，是目前应用最广泛的杀菌剂之一。主要用于防治蔬菜、果树、粮油作物上的多数病害，除藻菌纲病原菌外，对其他病原菌均有良好防效。杏扁园主要用于防治褐腐病、白粉病、疮痂病、炭疽病、杏疔病、流胶病等。使用倍数为 1000 ~ 1500 倍。

75% 百菌清可湿性粉剂：广谱保护性杀菌剂，具有保护和表面治疗作用，无内吸性，药效高，持效期长。广泛用于防治有机硫和铜制剂能防治的所有病害。杏扁园用于防治除细菌性穿孔病和根腐病之外的所有病害。使用浓度为 500 倍液。

武夷菌素：新型无公害生物杀菌剂，属农用抗菌素，高效、广谱，对所有作物上的真菌和细菌性病害有独特的抑制和杀灭作用。防治位点多，作用机理独特，保护、治疗、铲除三效合一，并具有增产和改善品质功效，是生产无公害绿色产品的首选生物药剂。对白粉病防效可达 90% 以上；对番茄叶霉病防效是国内少数最好的药剂之一，防效在 85% 以上；对黄瓜黑星病防效 86% 以上；对灰霉病的防效为 58.5% ~ 91.7%。对霜霉病、疫病、炭疽病、枯萎病、赤霉病等防效也不错。杏扁园主要用于防治流胶病、穿孔病、疮痂病、炭疽病、褐腐病、白粉病等，使用浓度为 300 ~ 500 倍液。使用时空气相对湿度越大效果越好，应在早晚有露水时进行施药。

72%农用硫酸链霉素可溶性粉剂：具有内吸传导作用，是一种杀细菌剂，杀菌谱广，杀菌机制是影响细菌的蛋白质合成。主要用于防治各种作物的细菌性病害。防治大白菜软腐病、水稻白叶枯病、黄瓜细菌性角斑病、棉花角斑病、烟草野火病、青枯病、马铃薯黑胫病、芝麻细菌性叶斑病、苹果和梨火疫病、核果类果树穿孔病等，用1500～3000倍液于发病初期喷雾2次，间隔期14天。

60%百菌通可湿性粉剂：是一种新型复合杀菌剂，打破了传统杀菌剂的单一杀菌功能，既可杀菌治病，又可刺激生长，是目前非常理想的杀菌兼营养剂。该剂既可杀真菌，又可杀细菌，专业用于同时防治黄瓜霜霉病和细菌性角斑病。杏扁园主要用来防治穿孔病和预防小叶病，使用浓度为400倍液。

害立平：强力农药增效剂（药引子），它针对农作物病虫草害的抗药性越多越强，单用常规农药来防治，其功效越来越差，尤其是那些体表有蜡质层的、有介质壳的、有黏液的、有丝网保护的、潜在叶内和潜在茎皮内部的病虫害，以及除草剂只对杂草的地上部分有效，而不能根除及抗雨淋能力差，一般防治效果都不十分理想，而且见效时间慢等缺点，新推出集农药增效和作物增产两种功效于一体的高科技换代产品——第二代害立平。

害立平与其同类产品相比，具有以下几个显著特点：①超越于其他同类产品，对果树、蔬菜、大田作物和经济作物有明显的增产效果。②具有极强的渗透性、展着性和黏附性。在农药中加入害立平，喷洒在各种作物上，能够快速将害虫和病菌外部防线击穿，使大量农药进入病菌及害虫体内，破坏其内部结构，促进害虫与病菌死亡；分布在害虫与病斑表面的农药不易被雨水冲刷，而且能很快扩散成一片，加大农药的附着面积，有效抑制虫体的呼吸作用，从而大大提高农药药效。③能够有效抑制合成抗体蛋白质的基因开放。在病菌和害虫体内存在着抗体基因，这些基因一旦开放，就会产生抗体蛋白。加入害立平的农药能够使这些开放式基因来不及开放，难以合成抗体蛋白，从而解除了病虫草害对农药的抗性，达到根治目的。④强力穿透抗性体壁，直接杀死害虫的细胞器官（如线粒体）。害立平中含有强力助渗剂，这些物质能够穿透病菌和害虫的抗性体壁，直接杀死害虫的细胞器官，从而促使病菌和害虫不可逆转地死去。⑤害立平可以作为农药的载体，将农药直接带入病菌孢子内部，促使病菌孢子自动破裂，实现防治病害的根本目的。⑥促使杂草烂根。在草甘膦类除草剂中加千分之一害立平，能使芦苇、白尖草等恶性宿根杂草死亡时间缩短一半，而且还可杀死杂草地下根茎，达到彻底根除的目的。⑦降低用药成本。现在防治病虫草害，一般采用混配或加大用药浓度，往往导致作物产生药害，甚至人员中毒。而只加一种农药，按该药的使用浓度加千分之一害立平，就能达到防治效果，综合用药成本不但不增加，还要降低50%左右，减少喷药次数一半，省工一半。⑧保护环境。由于加入害立平后提高了药效，减少了用药次数，降低了农药的绝对使用量，因此减 少了农药对环境的污染，保护了环境，降低了农药残留，提高了瓜果蔬菜的食用安全性。该剂无毒无害无副作用，能够广泛与杀虫剂、杀菌剂、除草剂、调节剂等药剂配兑，增效30%~90%。

48. 怎样防治杏树球坚介壳虫?

杏球坚介壳虫（图11）又叫树虱子，在各地杏产区均有发生，被害树树势衰弱，生长缓慢，产量下降，严重时可造成枝干枯死，为北方杏园的主要害虫之一。

生活习性：该虫在冀北一年发生一代，以2龄若虫在2、3年生枝条上越冬，第二年4月上旬开始活动为害，刺吸枝条汁液并分泌黏液。4月下旬虫体膨大，分散开并固定在一处危害，体背形成蜡质，雌雄开始分化，虫体迅速膨大，雄虫在其内化蛹。雄虫于5月上中旬羽化，与雌虫交尾后很快死去。交尾后雌虫开始分泌白色黏液，体表变硬，形成介壳。5月中下旬雌虫在介壳内产卵，每一雌虫可产600～1000粒卵，经10天左右孵化成若虫，6月上旬为孵化盛期。新孵若虫从壳中爬出，行动很快，分散到各枝条为害。到8月份若虫分泌白色蜡质成壳，并在其内越冬。

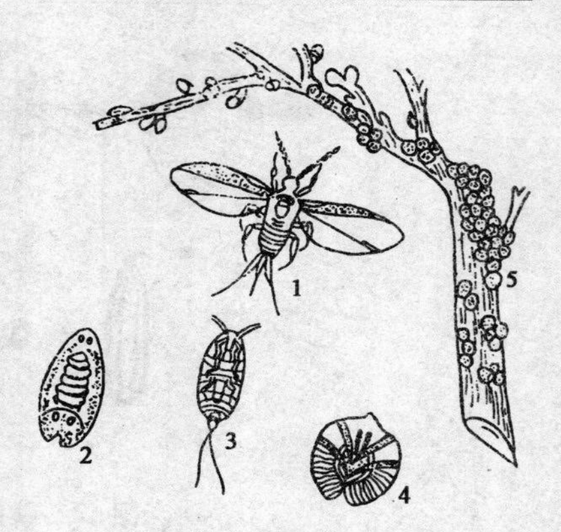

图11　杏球坚介壳虫

1. 雄成虫　2. 雄介壳　3. 若虫
4. 雌成虫　5. 被害枝

防治措施：①早春萌芽前喷5度石硫合剂。②6月上中旬新孵若虫爬出时喷1000倍噻嗪酮或800倍杀扑·噻或1000倍蚧死虱净，另加1500倍害立平。③树少或虫少时可用硬毛刷或草把刷除，注意枝杈处。④保护和放养天敌。黑缘红瓢虫为杏球坚蚧的天敌，幼虫和成虫均可捕食球坚蚧，一只瓢虫可捕食2000头害虫，要注意保护和放养。天敌多时不必打药即可控制危害。

49. 怎样防治杏树桑白介壳虫？

桑白蚧（图12）对杏树的危害同球坚蚧一样，但没有球坚蚧发生普遍。在树体上呈白色糠皮状。

生活习性：该虫在北方一年发生2代。以受精雌成虫在枝条上越冬，第二年树液开始流动时开始吸食为害，虫体迅速膨大，4月下旬开始产卵，5月上中旬为产卵盛期，卵期9～15天，5月中下旬为卵孵化盛期。初孵若虫多分散到2～5年生枝上固定取食，以分叉处和阴面较多，6～7天开始分泌白色绵毛状蜡丝，

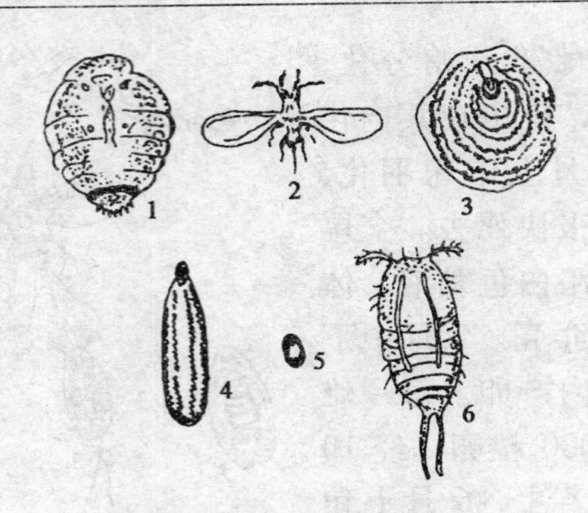

图12　桑白介壳虫

1. 雌成虫　2. 雄成虫　3. 雌介壳　4. 雄介壳　5. 卵　6. 若虫

渐成介壳。第1代若虫期40～50天。第2代若虫于8月上旬盛发，若虫期30～40天，9月间羽化交尾后雄虫死去，受精后的雌虫为害至9月下旬开始越冬。

防治措施：①发芽前喷5度石硫合剂或800倍强力杀蚧或800倍强力清园剂。②5月中下旬和8月上旬若虫盛发期，喷1000倍噻嗪酮或800倍杀扑·噻或1000倍蚧死虱净，另加1500倍害立平。③杏树休眠期用硬毛刷或钢丝刷子刷掉枝条上的越冬雌成虫，剪除受害严重的枝条并烧掉。

50. 怎样防治杏食心虫？

杏食心虫又叫杏蛆，有李小食心虫和桃小食心虫两种，主要是李小食心虫危害较重。以幼虫蛀食果肉为害，蛀果前常在果面吐丝结网，于网下蛀入果内排出少许粪便，后流胶。粪便排于果内呈“豆沙馅”，幼果被蛀多数脱落，成熟果被蛀部分脱落。对杏园产量及品质影响很大。

生活习性：河北一年可发生3代，以老熟幼虫在树干周围土壤及杂草中越冬，一般入土深度5厘米左右。4月中下旬开始羽化，羽化后的成虫在杂草上停留片刻开始飞翔、交尾。卵散产于果面及叶背，卵期7天左右。第一代幼虫从果柄处入果，取食杏仁，造成果实脱落。第二代幼虫蛀入杏果不规律，绕核取食。老熟幼虫随落果而到地面，然后咬一圆孔爬出，入土作茧化蛹越冬。

防治措施：①越冬代老熟幼虫化蛹羽化前，即杏树落花后，在树冠下直径2米地面撒施辛硫磷颗粒剂，并浅混土，毒杀羽化出土成虫。用药量为每株60克。②花后半月及硬核期喷2次1500倍食心耐克或2000倍桃小立杀或2000倍速灭杀丁，另加1500倍害立平或四千分之一消抗液。③拾拣落果集中处理，是消灭第一代幼虫的有效方法。

51. 怎样防治杏仁蜂？

杏仁蜂（图13）是杏扁产区的大敌，以幼虫为害杏仁，引起大量落果，造成减产。

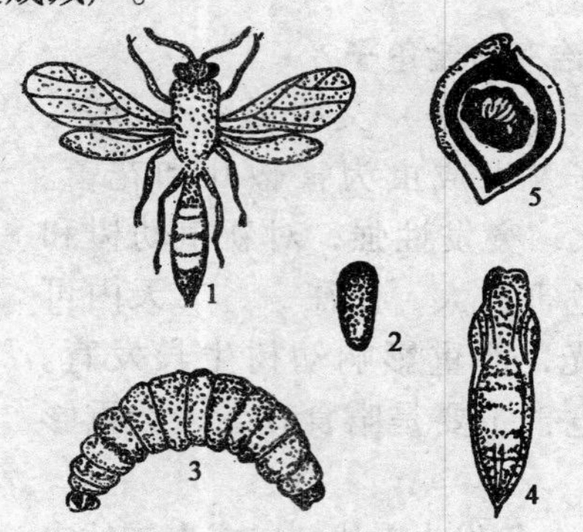

图13 杏仁蜂

1. 成虫 2. 卵 3. 幼虫 4. 蛹 5. 杏仁被害状

生活习性：一年发生1代，以幼虫在落地的果实或干枯在树枝上的僵果核内越夏越冬。4月中下旬化蛹，4月下旬至5月初羽化为成虫。羽化后的成虫先在杏核内停留几天后，待虫体坚硬后，用上腭将杏核皮咬成一小圆孔爬出。当杏果达豌豆大小时，成虫出土，早晚落在树上不活动，太阳升起后在树间飞翔、交尾、产卵。雌成虫产卵时，选择幼果的阳面，将产卵器刺入杏核内部接近种仁的部位，每果只产 1 粒卵，1 头雌虫可产 20～30 粒卵，卵期 10 余天。卵孵化后开始咬食杏仁，引起落果。5 月中下旬大量落果，6 月上旬幼虫老化，以后便在杏核内越夏越冬，长达 10 个月之久，直至第二年春天化蛹。

防治措施：①彻底清除地下落杏和树上僵果，集中深埋或烧掉，可以基本上消灭越冬越夏幼虫。②深翻树盘，将地面虫果翻入地下 15 厘米以下，使成虫不能出土。③成虫羽化期地面撒施辛硫磷颗粒剂并浅混土，每株树用量 100～200 克。④杏果豌豆粒大小时，于日出前或日落后树上喷洒 2000 倍速灭杀丁或 1500 倍绿百事或龙灯高氯，消灭未产卵成虫。

52. 怎样防治东方金龟子？

东方金龟子（图 14）又叫黑绒金龟子、黑豆虫、落虎子，以成虫为害嫩叶和花蕾。食性杂，食量大，突发性强，对新植幼树和嫁接成活苗木危害极大，往往一、二天内可将嫩叶全部吃光，严重影响幼树生长发育。对结果期树的危害主要是啃食花蕾，严重影响产量。

图 14　东方金龟子
1. 成虫　2. 为害状

生活习性：一年发生 1 代，以成虫或幼虫在土壤中越冬，3 月下旬开始出土，4 月上中旬气温升高后大量出土危害，一直延续到 6 月份。该虫有昼伏夜出特性，傍晚到第二天早上取食嫩芽嫩叶，白天钻入土中。成虫有假死性，受振动即坠地不动，倾刻复苏继续为害。

防治措施：①利用其假死性，于清晨逐棵振树使其落地捕杀之。为提高效率，可先在树下铺一块塑料布，振落后起布集中踩死。②利用成虫入土潜伏的习性，于日出后在树下撒施辛硫磷颗粒剂或3911毒土，毒杀成虫及幼虫。③盛发期树上喷洒1000倍瓢甲敌或2000倍速灭杀丁或1500倍绿百事或1000倍辛磷硫加1500倍龙灯高氯，另加1500倍害立平。④尽可能组织联合防治。

危害杏树的另一种金龟子叫苹毛金龟子或铜绿金龟子。个大、食量更大，但没有东方金龟子数量大。防治方法同东方金龟子一样。

53. 怎样防治杏树象鼻虫？

杏树象鼻虫（图15）又叫杏象甲、杏虎，以成虫咬食花芽、嫩枝、嫩叶、花和果实。产卵时先咬伤果柄，引起落果。幼虫在果实内蛀食果肉。

生活习性：1年发生1代，以成虫在土中越冬。第二年杏花开时成虫出土为害，爬到树上啃食嫩芽和花蕾。成虫有假死性，受惊后落地装死。5月中下旬成虫开始产卵，产卵时先将幼果咬一小洞，然后将产卵器插入小洞内产1粒卵，随后分泌出黏液覆盖洞口，黏液干后呈黑色小点。雌虫产完卵之后咬伤果柄，以利落果，一头雌虫可产20~85粒卵。卵期7~8天,孵化后的幼虫在果实内蛀食果肉和果核,引起落果。老熟的幼虫

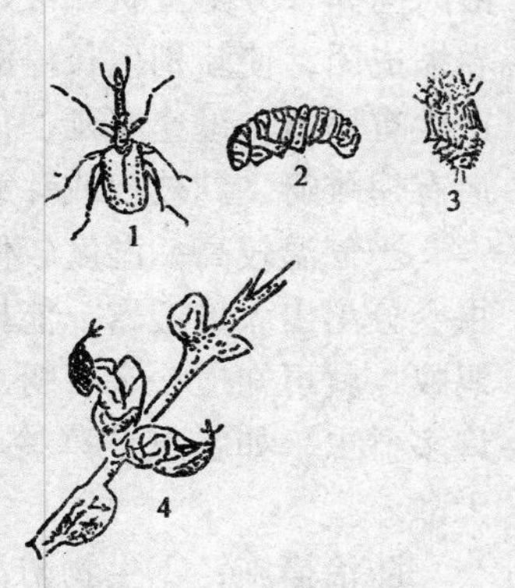

图15 杏象鼻虫

1. 成虫 2. 幼虫
3. 卵 4. 为害状

从落果中爬出入土化蛹,秋末时羽化为成虫,不出土在土中越冬。

防治措施：人工防治是一种既经济有效，又省工的有效方法。人工防治要抓住两个时期，一是在成虫出土后的早上振动树枝，收集假死的成虫集中消灭。二是及时拾拣落果集中处理，消灭幼虫。药剂防治主要是消灭成虫，在成虫发生期喷2000倍速灭杀丁或1000倍瓢甲敌或1500倍绿百事，另加1500倍害立平，10～15天喷一次，连喷2～3次，即可控制成虫的为害。

54. 怎样防治蚜虫?

蚜虫又叫蜜虫、腻虫、油汗、油浓。危害杏树的蚜虫为桃蚜。蚜虫大发生时，密集在嫩梢和叶片上吸食汁液，严重影响树体的生长发育，尤其是幼树和苗木，受害更重。

生活习性：一年发生10～20代，以卵在芽缝、枝杈处越冬。第二年3月下旬至4月上旬越冬卵孵化，先群集在芽上为害，后随着展叶转移到叶片背面为害，并迅速胎生繁殖。蚜虫在吸食汁液时向体外分泌蜜状黏液，被害叶向叶背呈不规则卷曲，严重时卷缩成团，使新梢生长停滞。5月上旬以后，桃蚜繁殖最快，并产生有翅蚜，迅速蔓延，危害严重，而且持续时间很长，直到秋后有翅雌蚜飞到枝杈或芽鳞处产卵，以卵越冬。

当气温较高、湿度较低时（干燥），最适于蚜虫的繁殖。蚜虫会分泌出大量蜜露，能招引蚂蚁前来取食，所以树上出现大量蚂蚁，就可知道一定有蚜虫，这叫做蚜蚁共生现象。自然界中的许多益虫，如瓢虫、草蛉、食蚜蝇、蚜茧蜂等都是蚜虫的重要天敌。

防治措施：①生物防治。保护和放养天敌，以虫治虫。当树上瓢虫、草蛉、蚂蚁、食蚜蝇等益虫较多，蚜虫虫口密度较低时，完全可以依靠这些益虫将害虫歼灭，不必打药。②药剂防治。当蚜虫密度大时必须及时用药控制，不可延误。杀蚜药剂共经历了3代，第一代为乐果、氧化乐果，第二代为吡虫啉类及其复配剂，如一遍净、吡高氯等；第三代为啶虫脒类及其复配剂，如蚜服、阿维·啶虫等。其共同特点是具有很好的内吸传导性，兼具触杀和胃毒作用。因此，使用上既可以喷雾，又可以涂干。喷雾：蚜虫盛发期用2000倍蚜服乳油或2000倍力克牌啶虫脒粉剂，另加2000倍害立平，15～20天喷一次，直至解除危害。涂干：落花后在主干或主枝基部轻刮粗皮翘皮（幼树不必刮皮），宽度5～10厘米，将蚜服乳油或啶虫脒粉剂稀释30～50倍，加入500倍害立平，用毛刷涂在刮皮处，然后用塑料布包扎好，包扎物1周后取掉。

55. 怎样防治桃红颈天牛？

桃红颈天牛（图16）是一种发生普遍，危害严重的蛀干害虫，以幼虫为害杏树枝干，造成空洞，有的流胶、腐烂，严重削弱树势，甚至整株枯死。

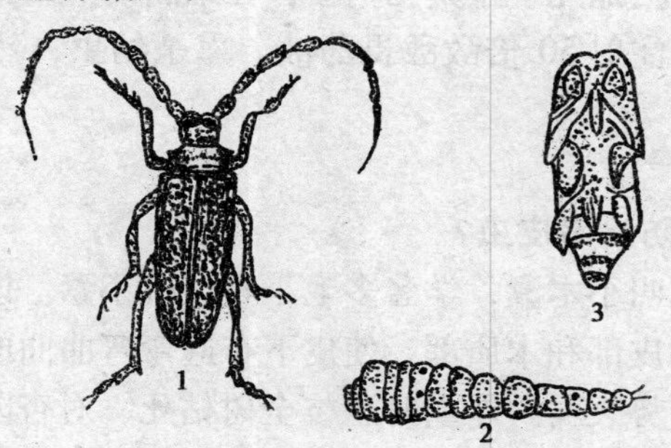

图16　红颈天牛

1. 成虫　2. 幼虫　3. 蛹

生活习性：2、3年完成1代，以不同龄的幼虫在树干内虫道越冬。6、7月间成虫出现，雨后天晴时最多。成虫栖息在枝条上，遇惊吓后雌成虫迅速飞走，而雄成虫多爬行躲避或掉落在地。成虫寿命10天左右，交尾后在树干或主枝的枝杈、裂缝处产卵。每只雌成虫产卵40～50粒，卵期8～10天。孵化后的幼虫先在皮层下蛀食，待长至3厘米后钻入木质部，向下蛀成虫道为害，深达树干中心。每往下蛀食一段后，向处咬出一个排粪孔，自孔中排出红褐色虫粪，并常伴有流胶。第二年或第三年的5～6月幼虫老熟化蛹，蛹期10天左右羽化为成虫。

防治措施：①6、7月份成虫发生期，坚持捕打成虫是消灭红颈天牛的最有利时机。雨后天晴时最易进行。②在成虫产卵前，在大枝和树干上涂白涂剂，枝杈处要涂厚些，防止成虫产卵。涂白剂配制：10份生石灰、1份硫磺粉、40份水，先用少量水将生石灰化开，过滤去渣，然后加入硫磺粉用水调匀。③幼虫初龄阶段在树皮下取食，发现细小虫粪时，用小刀撬开被害部位树皮，消灭幼虫。对于钻入木质部深处的老熟幼虫可以用细铁丝伸入蛀孔底部，反复转动，将虫扎死。④对于弯曲而又深远的虫道，用泥将上部几个排粪孔堵住，在最新的一个排粪孔处用废旧注射器向内注射50倍敌敌畏药液，熏杀幼虫，然后用泥将孔口封死。

56. 怎样防治串皮虫?

串皮虫又叫小木蠹，学名多毛小蠹，桃小蠹。以成虫和幼虫蛀食枝、干韧皮部和木质部，使皮下布遍弯弯曲曲的坑道，造成皮层剥落，树势衰弱，严重时全枝全树枯死，对杏园危害非常严重，以老龄园和放任园受害最重。

生活习性：一年发生1代，以幼虫于坑道内越冬，翌春老熟于子坑道端蛀圆形筒状蛹室化蛹，羽化后咬圆形羽化孔爬出。成虫于6月间出现，配对、产卵，多选择衰弱的枝干上蛀入皮层，于韧皮部与木质部之间蛀纵向母坑道，并产卵于母坑道两侧。孵化后的幼虫分别在母坑道两侧横向蛀子坑道，略呈“非”字形，初期互不相扰近于平行，随虫体增长坑道弯曲成混乱交错，加速枝干死亡。秋后以幼虫于坑道端越冬。

防治措施：①加强综合管理，增强树势，可以减少发生为害。②成虫出现前的 4、5 月份检查枝干，发现有蛀孔刮树皮，将在皮下的幼虫或蛹刮下并和树皮一齐烧掉。③ 6 月份成虫产卵前园内放置半枯死大枝，引诱成虫在上面产卵，产卵后烧掉。④成虫出现时喷 2000 倍速灭杀丁或 1000 倍瓢甲敌，另加 1500 倍害立平。重点喷枝干和枝杈处。

57. 怎样防治天幕毛虫？

天幕毛虫（图 17）也叫顶针虫，以幼虫为害叶片，严重时可将全树叶片吃光，是杏园主要的食叶害虫，发生非常普遍。

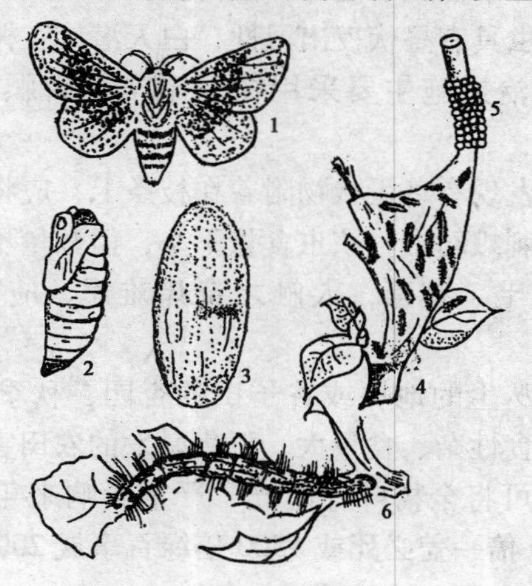

图 17 天幕毛虫

1. 雌成虫 2. 蛹 3. 茧 4. 结网为害状 5. 卵 6. 幼虫

生活习性：一年发生 1 代，以初孵幼虫在枝条上的卵壳内越冬。杏展叶时小幼虫破壳而出，聚集一处食害嫩叶，以后吐丝结网群集在网幕中，所以叫天幕毛虫。5月中下旬老熟幼虫离开网幕分散为害，食量极大，可吃光全树叶片。老熟幼虫遇振动吐丝坠落。6月上旬老熟幼虫纠缠在一起，作茧于卷叶内、两叶间或其他隐蔽处，在茧内化蛹，蛹期12～14天。6月中下旬成虫羽化，交尾后将卵产于当年枝条上部，卵块呈“顶针”状，一个卵块卵数达480粒左右，幼虫孵出时不出卵壳，在其内越冬。

防治措施：①冬剪时剪除卵块并烧掉，如做的仔细彻底，可达到事半功倍的效果。②幼虫分散为害前，集中歼灭。老熟幼虫可振树促其坠落，然后用脚踩死。③若发生严重可喷药防治，药剂选用2000倍速灭杀丁或1500倍绿百事或1000倍龙灯高氯或1000倍一盖必死。

有时发现叶子被虫子吃掉，但树上找不到虫子，这是杏星毛虫在作怪，该虫具有昼伏夜出习性，白天潜伏在树下土中，夜间上树为害。防治措施主要采用树下施辛硫磷颗粒剂和树干涂药环。

修剪时若发现有鸟蛋状物附着在枝条上，应将其剪断，因为这是越冬的黄刺蛾幼虫，该虫食量不小，但数量不很多。其身体上布满黄色绒毛，有毒，人触之奇痒难忍，应将其消灭在越冬态。

邻近杂草丛生的地块或谷子田的杏园，秋季易发生粘虫危害。这是一种食性杂、食量大、群集暴发的农田害虫，对杏树危害性也很大，可将全树叶片吃光，严重影响来年产量。若有发生，可喷1000倍一盖必死或1500倍绿百事或2000倍速灭杀丁，另加1500倍害立平，防治效果均不错。

58. 怎样防治红蜘蛛？

杏树上的红蜘蛛为山楂红蜘蛛（图18），各地均有发生，以成虫和若虫为害叶片。被害叶片焦枯、早落，严重削弱树势，引起减产。

生活习性：一年发生 6 ~ 9 代。以受精的雌成虫在树皮缝中、枝杈处及树干附近的土块下越冬，虫情严重的果园，连落叶、草根及果实的梗洼处都有。越冬成虫于 3 月下旬出蛰，移动到花萼、嫩芽处为害，展叶后转移至叶背，吸食汁液，并结网吐丝。5 月下旬为成虫产卵盛期，卵多产于叶背主脉两侧，卵期 10 天左右。6 月中下旬为第一代成虫发生盛期。7 月下旬为繁殖盛期，虫口密度最大，危害最为严重。9 月份开始出现越冬雌成虫，11 月全部越冬。

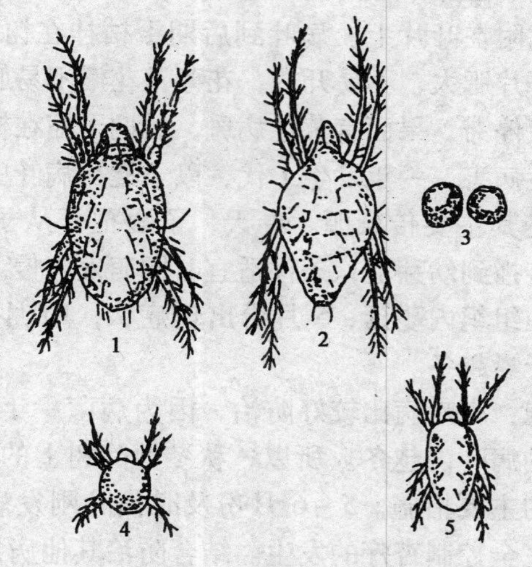

图 18　山楂红蜘蛛

1. 雌成虫　2. 雄成虫　3. 卵　4. 幼虫　5. 若虫

防治措施：①早春刮掉树干及主枝分杈处的粗皮、翘皮，掌握“露红不露白”的程度，将刮下的树皮集中烧毁，消灭越冬成虫。②发芽前喷 5 度石硫合剂。③6 月上中旬及 7 月下旬喷 2000 倍减担子（1.8% 齐螨素）或 1500 倍闻愁或 2000 倍灭扫利或 800 倍噻嗪酮，另加 1500 倍害立平或四千分之一消抗液。

59. 怎样防治杏疔病?

杏疔病俗称杏疔，以危害杏树的新梢、叶片为主，也侵染花和果实。

症状及发病规律：新梢染病以后，生长减缓或停滞，节间变短而粗，叶子密集而呈簇生状。叶片染病后，由绿变黄，后期为红褐色至黑褐色，叶片增厚，比正常叶厚4～5倍，质地变硬，叶背和叶面布满了褐色小粒点，这就是病菌的性孢子器。遇雨或潮湿天气，从小粒点中冒出橘红色黏液，黏液中含有无数的性孢子，干燥后粘附在叶片上。病叶到后期干枯挂在树上，不脱落。花受害后，萼片肥大，不易开放，花萼及花瓣不易脱落。果实染病，生长发育停滞，果面有黄色病斑，后期干缩在树上。杏疔病是一种真菌性病害，一年发生1代，以子囊在病叶中越冬，挂在树上的病叶是其主要传染源。春天，子囊孢子从子囊中散放出来，借风雨传播到幼芽上，条件适宜时即萌发入侵。随着新叶的生长，菌丝在组织内蔓延，5月份出现症状，10月份病叶变黑，在叶背产生子囊越冬。

防治措施：杏疔病比较好防治，因为病菌一年只侵染1次，病源在树上的病叶内越冬。所以，秋冬剪除树上的病叶并烧毁，是消灭该病的主要措施。5～6月份及时摘除刚发病的病叶，连续二年即可完全控制杏疔的发生。结合防治其他病虫害，发芽前喷5度石硫合剂也有效。

60. 怎样防治细菌性穿孔病?

细菌性穿孔病是核果类果树共有的病害，以平原和空气湿度较大的地区受害较重，严重时造成叶落枝枯，严重削弱树势，影响来年产量。

症状及发病规律：该病在叶片上的特征最为明显。感病叶片初期在叶脉处出现水浸状不规则圆斑，随着圆斑的扩大，变成红褐色，直径达2毫米左右。斑点最后干枯脱落，形成穿孔。若干病斑相连形成大的孔洞，轻者使叶片千疮百孔，重者引起早期落叶。病菌在病枝上越冬，次年落花后借风雨传播到叶、果和新梢上，由气孔、皮孔或芽痕等处侵入。5月份开始出现症状，7、8月进入盛发期。干旱月份和干旱园片发病轻，高温高湿的多雨季节和水地园片发病重，尤以连续高温阴雨天气发病最重。

防治措施：发芽前喷5度石硫合剂，可杀灭树体上的越冬病菌。5月中下旬和采果后，喷2~3次300~500倍武邑菌素或2000倍农用链霉素加400倍百菌通药液，采收后连喷二次，间隔10~15天。

61. 怎样防治流胶病?

流胶病发生在主干、主枝及果实上。初期病部肿胀，随后陆续流出透明、柔软的树胶。树胶与空气接触后，逐渐由黄白色变成褐色胶块，最后变成红褐色的硬块。病部易被杂菌腐生，使皮层和木质部变褐腐朽，引起树势衰弱，叶片发黄，严重时整枝或全株枯死。果实流胶多由虫伤和雹伤伤口发生，由果内分泌出黄色胶质糊在果面上，病部硬化，生长停滞，品质下降。

引起杏树流胶病的病因很多，既有真菌的感染，也有细菌的侵害，但更多的是由树体伤害所引起的，如雹伤、虫伤、冻伤和机械伤等。在高接换头或大枝更新时，常易引起树体流胶。夏季修剪过重、农药药害、结果过多、氮肥过量、土壤黏重、栽植过深、水分失调等，也能诱发流胶病。

对于流胶病的防治，应采取加强综合管理，合理修剪、合理施肥、合理负载、疏松土壤、打破板结、防治枝干害虫、预防冻害及机械伤害等综合措施。病树应在早春发病前刮掉流胶部位树皮及木质，伤口涂刷石硫合剂原液消毒。老树刮树皮，树干涂白，早春喷5度石硫合剂，展叶后喷300～500倍武邑菌素等，均可预防和减轻流胶病的发生。

62. 怎样防治根腐病？

根腐病多发生在3～5年生的幼龄树上，栽植过杏树或其他果树的地块、育过杏树苗的地块、土壤板结黏重的地块，均易发生根腐病。

该病多从须根侵染，发病初期部分须根出现棕褐色近圆形小病斑，随着病情加重侧根和部分主根开始腐烂，根皮变成暗褐色，木质部坏死变黄。地上部新梢凋萎下垂，叶片失水卷缩或焦枯，整个枝条或整株树表现为猝死状。

杏树根腐病属于弱寄生菌类，土壤黏重板结，排水不良，通透性差，有利于该菌的生存和繁殖，易于发病。

防治措施：①严格杜绝在黏重地、涝洼地和重茬地建杏园。②使用免深耕土壤调理剂，疏松土壤、打破板结，增强土壤的通透性，抑制病菌的生存和繁殖。每亩400～600克，于土表潮润时喷于地面。③药剂灌根。当发现根腐病症状时，用200倍硫酸铜或200倍代森铵或600倍根腐灵灌根，每株5～15千克药液。方法是在树冠投影下挖深30厘米的环状沟，将药液均匀分撒于沟内，将沟填平。一株发病，要将其周围邻株靠近病株一侧的土壤普灌一次相同药液，重点是行内邻株。对上年发过病的病株，应在4月下旬至5月上旬用200倍硫酸铜或600倍根腐灵进行灌根预防。④因根腐病死亡的树，应尽早将其清除掉，并用药将其穴内土壤彻底消毒一次。

63. 怎样防治根癌病？

该病既危害幼树又危害成龄树，以根颈部发病为主，也可在根的其他部位发生。初期呈灰白色的瘤状物，内部松软，表面粗糙不平。随肿瘤不断增大，表面渐由灰白色变成褐色至暗褐色，表层细胞枯死，内部木质化，在瘤体的表面常发生一些细根。根瘤的形状多为球形或扁球形，大小不等，大者直径可达 20 厘米以上。病树根系发育不良，地上部分表现为生长衰弱，植株矮小，叶片发黄等。

根癌病是一种细菌性病害。细菌在自然界能长期生存于土壤中，因此，带菌土壤是该病的主要病源。病菌由伤口侵入，从侵入至表现明显症状，约需 2 ~3 个月时间。

此病除苗木传带外，田间靠浇灌、雨水和地下害虫传播。土壤高湿、微碱性、苗木伤根、地下害虫多发病重。

防治措施：①建园时选择伤根少、根系发达的苗木。伤根苗可用 20% 石灰水浸根消毒。②使用免深耕土壤调理剂疏松土壤，增施有机肥，注意防治地下害虫，及时排水，施肥时尽量少伤根系。③发现病树时可挖土晾根颈，割瘤涂药。可涂石硫合剂药渣或 50 倍硫酸铜。另外可用 200 倍硫酸铜灌根。也可用 400 倍杀菌优灌根 2 ~3 次。

64. 怎样防治褐腐病?

褐腐病又叫菌核病，主要为害果实，也为害花和枝梢。杏果近成熟时最易染病，初为圆形褐色斑，后扩展到全果，使果肉变褐、软腐。病斑上的圆圈状灰白色霉层，为分生孢子丛。病果少数脱落，大部分腐烂失水而干缩成黑色僵果，挂在果枝上不落。花器感染此病时，起初在花瓣上或柱头上发生褐色斑点，后整个花器变成黑褐色，枯萎或软腐，干枯后也残留在枝上，遇潮湿天气时，其上也生出灰白色霉层。被害幼叶边缘首先发生水浸状褐斑，后扩展到全叶，病叶枯萎但不脱落。

该病主要以僵果和病枝为传染原，春季产生大量分生孢子，借风雨传播到花果和枝叶上，由皮孔或伤口侵入体内。一般气温在20～25℃的阴湿多雨的天气最适宜发病。果实在高温高湿条件下贮运，也会发生褐腐病。

防治措施：①及时摘除僵果，剪除病枝，并集中烧掉，消灭越冬传染源。②发芽前喷5度石硫合剂。③幼果期喷2000倍菌核净或400倍武邑菌素加800倍真菌消，每10～15天喷一次，连喷2～3次。采果后喷600倍百菌清加1000倍甲基硫菌灵，可控制枝叶的感染。

65. 怎样防治杏树缺素症?

杏树的病害除真菌、细菌感染的传染性（侵染性）病害外，还有生理性的非传染性病害。缺素症就属于典型的生理性病害。所谓缺素症，就是树体因缺少某种元素或某种元素供应不足，而引起的矿质营养代谢失调，导致生长发育受阻，表现出不良症状，并最终导致产量降低和品质下降。常见的缺素症有以下几种。

①缺氮症及其防治。杏树缺氮时的表现是：生长势弱，叶片小而薄；叶色淡，呈淡绿或黄绿色，新梢短而细。当叶片中氮素含量低于1.73%时，就可明显显现出上述缺氮的症状。

在6月下旬田间叶片中氮的含量2.0%为低量，3.0%为适量，3.5%为高量。在这个范围内，随着氮素的增加，花芽量、坐果率和产量也相应增加。当叶片中的氮素由2.4%提高到2.8%时，产量几乎增加1倍。当叶片中氮素含量在3.3%～3.5%时，杏树的生长结果最好。

当氮素不足时应及时补充。除树下追施尿素、碳胺和高氮速溶追施肥外，树上喷施0.2%～0.5%的尿素水溶液，效果也不错。

需要说明的是，氮素过量也会给杏树生长发育带来不良影响。当叶片中氮素含量超过3.5%时，杏树就会发生氮中毒现象，表现为叶片变成暗绿色，并稍微呈现蓝色，在生长后期叶缘变黄，并逐渐扩展到叶片内部，形成不规则的坏死斑，病斑最后遍及整个叶片，叶缘稍向上翘起，使叶片变成船形，除新梢顶端的 1～2 片叶以外，其余的叶片很快脱落。

②缺磷症及其防治。杏树严重缺磷会引起生长停滞、枝条纤细、叶片变小。起初，叶色变成深灰绿色，像似氮素过多的症状，但不久基部叶片出现花叶，进而脱落，但仍保留顶端的叶片。缺磷的杏树花芽分化不良，坐果率低，产量大减、果实小、出仁率低。据国外研究，当叶片中的 P_2O_5 含量由 0.28% 增加至 0.4% 时，平均单株产量一直在增加，含量为 0.39% ～0.4% 时，获得了最高的产量。

当树体出现缺磷症状时，应及时补足，除树下追施过磷酸钙及高磷复合肥外，树上应喷施 0.2% ～0.5% 的磷酸二氢钾或 0.5% ～1% 的磷肥浸出液。

磷对氮有明显的增效作用。同样的氮素水平，如果与磷肥配合施用，其增产效果比单施时增加 1 倍左右。不管是高氮还是低氮，只要配合施用磷肥，都可获得良好的效果。

③缺钾症及其防治。杏树缺钾时，叶片小而薄、黄绿色、叶缘向上卷起，并由叶尖部开始焦枯，枝条中上部的叶片比基部更重，严重时使整个树呈现一种焦灼状，尤其是结果多的树，看上去犹如火烧一样。严重缺钾会使树体枯死，这种死树现象不同于一般猝死，而是在越冬之后枯死，很像被冻死的一样。在一般情况下，当叶片中钾含量低于 1.20% 时，杏树开始出现缺钾症状。

当树体出现缺钾症状时，应及时补钾。除施用单质钾肥（硫酸钾或氯化钾）外，可以施用高钾含量的复合肥。叶面经常喷施 0.2% ～0.5% 的磷酸二氢钾或 500 倍的氨基酸钾或 600 倍的有机肥富万钾，均可有效预防缺钾症。树干及主枝涂刷 50 倍的氨基酸钾，效果也不错。

钾可促进花芽形成，尤其是当与磷共同存在时，对花芽形成有更好的效果。当叶片中 K_2O 的含量为3.4%～3.9%时，可以获得最好的产量。N、P、K 三要素的配合使用，可以明显改善杏树的矿质营养水平。P、K 对于花芽形成和坐果的促进作用，会由于 N 素的增加而达到更高的水平。叶片中的氮钾比（N/K）是有关杏树产量的重要指标，当 N/K 比保持在0.86～0.92 的范围时，来年可以获得最高的产量；而当 N/K 比高于这个范围时，产量会明显下降。叶片中钾的含量明显随着产量的增加而降低。连年结果的树，叶片含钾量最低，因此增施钾肥是保证高产稳产所必需的。

④缺硼症及其防治。硼能促进花粉发芽和花粉管生长，对子房发育也有作用。硼还能改善氧对根系的供应，增强吸收能力，促进根系发育。杏树缺硼时，上部小枝顶端枯死，叶片呈匙形，叶脉弯曲，叶尖坏死，叶片变窄，小而脆，叶柄和叶脉易折断，脉间失绿黄化；花芽分化不良，受精不正常，落花落果严重；果肉木栓化，果实畸形（缩果病），果面呈现干斑，病果味苦，品质变差。

当出现缺硼症状时，应及时补硼，方法主要是叶面喷0.3%硼砂水溶液或1000 倍朋友情。花期喷硼，可减少落花落果，显著提高坐果率。

杏园可给态硼的含量与土质有关。一般表土较心土、黏土较沙土含硼量高，pH 值超过7，硼易成不溶性；钙质过多的土壤，硼不易被树体吸收。土壤过干或过湿，都易发生缺硼症。土壤中有机质丰富，可给态硼含量高。所以，大量施用有机肥料，可克服缺硼症。

⑤缺铁症及其防治。杏树缺铁时，叶绿素的形成受阻，幼叶失绿，叶肉呈黄绿色，叶脉仍为绿色，所以缺铁症又叫黄叶病。严重时叶小而薄，叶肉呈黄白色至乳白色，随病情加重叶脉也失

绿成黄色，叶片出现棕褐色的枯斑或枯边，逐渐枯死脱落，甚至发生枯梢现象。

土壤及灌溉用水 pH 值高，使铁成氢氧化铁而沉淀，不溶性铁杏树不能吸收利用而发生缺铁症。当树体出现缺铁症时，可采取树下补和树上补二种方法并用。树下追施硫酸亚铁，每亩用量 50 千克，撒施后翻入地下，一方面直接补铁，另一方面调节 pH 值，使土壤中的铁变为可溶性铁，能够被树体吸收利用。树上喷施 200 倍硫酸亚铁水溶液或 800 倍黄叶敌溶液，作用较地下施用要快。

⑥缺锌症及其防治。杏树缺锌时，枝条下部叶片常有斑纹或黄化部分，新梢顶部叶片狭小或枝条纤细，节间短，小叶密集丛生，质厚而脆，是缺锌的典型症状，即所谓的“小叶病”。严重时从新梢基部向上逐渐脱落，果实小，畸形。多年连续缺锌，会导致树体衰弱，花芽分化不良。

沙地、盐碱地以及瘠薄的山地杏园，缺锌现象较普遍。因沙地含锌量小，且易流失；碱性土壤锌盐易成不溶性。缺锌也与土壤中磷酸、钾、石灰含量过多有关。一般土壤中磷酸越多，树体对锌的吸收越困难。9～10 月份，杏树叶片中锌含量不足 19 毫克/千克，枝条中不足 7 毫克/千克时即为缺锌。

解决缺锌问题主要应从施肥着手。增施有机肥和含锌复合肥，控制磷酸二铵的施用量和施用次数，撒施硫酸亚铁调节土壤酸碱度、补施硫酸锌等，都是较为有效的措施。叶面喷施黄叶敌或硫酸锌等，也是行之有效而又快省的方法。

⑦缺钙症及其防治。缺钙影响氮的代谢和营养物质的运输，不利于铵态氮吸收。缺钙根系受害最重，新根短粗、弯曲，尖端不久便褐变枯死；叶片较小，严重时枝条枯死和花朵萎缩。缺钙时还会降低花果器官的抗寒力，使其更易遭受晚霜危害。

北方土壤一般钙质比较丰富，钙的总量不低，但水溶性的速效钙就不一定能满足树体的需要了。田间叶片中钙含量不足3%时即为缺钙。补钙一般应从树上补，树下补见效较慢。树上喷施雷力营养态液钙或氨基酸钙。树干及主枝涂抹氨基酸钙效果也不错。

66. 如何提高杏扁园病虫害的防治效果?

影响杏扁园病虫害防治效果的因素很多，但主要有以下几方面：①气候因素。主要是气温和降雨。防治虫害一般气温越高药效越好，但也有例外，Bt 等生物制剂禁止在高温条件下使用，否则会大大降低其杀虫活性。降雨不利于病虫害防治，药效会大大降低，甚至失去作用。②用药时期。这是个关键因素，用药时间不对，错过防治佳期，是决对不会有好效果的。任一病虫害都有其防治的最佳时期，如介壳虫应在其越冬后出蛰活动时和当代卵孵化出壳分散为害时防治最佳；食心虫应在其蛀果前防治最佳。③药剂种类。什么样的虫子用什么样的药，什么样的药治什么样的病，这是起码的常识，但实际中因用药不对造成防治失败或产生药害的实例很多。造成这一现象的原因有两方面，一是农民自身缺乏这方面的知识，二是一些药店经营者不具备经营资格，不能正确指导农民用药。④用药量。一般农户用药浓度偏大，但用水量少，一桶水打一亩甚至打二亩，漏打现象普遍，防治效果不佳。⑤助剂。助剂是“药引子”，是提高药效和防治效果的重要因素。用与不用，用什么样的助剂，防治效果截然不同，这样的例子已在“怎样提高化学除草效果”一题中讲到，在此不再重复。⑥喷雾器质量及施药技术。喷务器质量同样会影响到病虫害的防治效果，尤其是在防治病害时，喷雾器质量好，雾化程度高，药液容易进入病部组织杀死病菌，从而达到预期防治效果。施药人员喷布均匀周到，则防治效果好。

综上所述，要想提高杏扁园病虫害的防治效果，必须做到以下几点：①避开雨天用药；使用化学杀虫剂时应在气温高时用药；使用生物杀虫剂时应避开高温天气；使用杀菌剂时应在气温不高不低时用药，这样叶片气孔容易开张，药液容易进入。②抓住病虫害的弱点，适时用药，不要错过防治佳期。虫害要治小，病害要治早。介壳虫要在形成介壳之前用药，食心虫要在蛀果前用药，毛虫要在分散危害前防治，蚜虫要在发生初期消灭，病害要在症状初显时防治或发病前预防。③必须对症下药，根据病虫害的具体情况对症治疗。介壳虫要用杀蚧剂，如蚧死虱净、噻嗪酮、杀扑·噻等；食心虫要用能杀卵的药剂，如速灭杀丁、桃小立杀、食心耐克、灭扫利等；蚜虫要用内吸剂，如蚜服、啶虫脒、吡虫啉等；红蜘蛛要用杀螨剂，如齐螨素、哒螨灵、闻愁等；细菌性穿孔病要用杀细菌剂，如农用链霉素、武邑菌素、百菌通等。④如自己不能确定用什么药好，要请教有经验的杏农或到有农林技术人员坐堂的正规药店买药，千万不要图便宜到以低价招揽顾客的小药店购药。⑤用药量要准确，不可过浓，以免造成药害，引起灼叶和落叶。用水量要充足，上下左右内外都要喷到。⑥要学会使用助剂，农药加入助剂后，不但药效提高，而且抗雨淋，持效期长，省药、省水、省工。由于减少了农药用量，残留少了，环境污染轻了，食物安全系数高了。常用的助剂有：害立平、消抗液、增效宝、增效王等。⑦选用好的喷务器，如卫士牌、泰山牌、协丰牌等，这些喷雾器压力大、雾化好、省力、不跑不漏、使用安全，经久耐用。

九、杏扁树冻花冻果防御技术

67. 冻花冻果对杏扁产业的影响有多大?

冻花冻果对杏扁产业的影响是巨大的，是阻碍杏扁产业健康发展的头等大敌和拦路虎。每年因冻害造成的损失，“三北”地区总计在5000万至5亿元人民币。因连年冻害造成没有经济收入，导致将杏扁树忍痛砍掉的事情年年都有发生。

河北蔚县是闻名全国的杏扁生产大县，2001年被国家林业总局命名为“中国仁用杏之乡”。全县现有杏扁栽植面积达45万亩（2005年），其中结果面积15万亩，正常年景杏仁产量为200万千克左右。杏扁已成为当地的支柱产业之一，与县域经济和广大农户的经济生活息息相关。然而，这一产业常常遭受到大自然的挑战，三年一大冻、二年一中冻、年年有小冻。1998年5月9日全县杏扁幼果遭受到 -6 ~ -9℃的低温冻害，导致当年颗粒无收，全县直接经济损失达3000多万元。2005年5月6日全县再次遭受到幼果冻害，减产60%，直接经济损失2500万元。因此杏扁冻花冻果问题已经到了非解决不可的时候，各级政府及主管部门应给予足够的重视和支持，尽早攻克这一难题。

68. 杏扁冻花冻果到底能否预防?

讨论这个问题，首先要划出一个温度界限，在这个界限之内，冻花冻果可以预防；超出这个界限，预防的把握不大，甚至不可能（目前条件下）。这个温度界限可以暂定为：花期 -7℃、幼果期 -5℃。

河北蔚县下宫村乡北绫罗村段成龙采取了树上喷PBO果树

促控剂（秋季喷 2 次，花前一周喷 1 次，使用江阴产华叶牌），树下增施肥料（春季施氮肥，秋季施三元复合肥），土壤喷施“免深耕”土壤调理剂的综合措施，取得了可喜成果。2005 年 5 月 6 日全县许多地方幼果受冻，当地气温也降到了 -4℃，其他人的杏扁树幼果受冻率达 98.2%，而自己的杏扁树幼果受冻率仅为 14.6%，在大灾之年夺得了大丰收，5 亩杏扁树产杏核 1550 千克，收入 2 万多元，亩均产值 4000 多元。

在该农户采取的措施基础上，再配合其他措施，完全有可能达到在花期遇 -7℃ 以内低温、幼果期遇 -5℃ 以内低温的灾害下，保 30% 以上产量的目标。

69. 杏扁遭受冻花冻果时的表现有何特点？

春季随着气温的上升，杏扁树解除休眠，进入生长期，抗寒力迅速降低。从萌芽至开花坐果，抗寒力越来越低，甚至极短暂的零摄氏度以下温度，也会给幼嫩组织带来致命的伤害。杏扁各器官受冻的临界温度为花蕾 -3.9℃、花朵 -2.2℃、幼果 -0.6℃。除了花果之外，幼嫩的枝叶也会遭受不同程度的霜冻，严重时可将幼枝幼叶全部冻死。

早春萌芽时受冻害，嫩芽或嫩枝变褐色，鳞片松散而干在枝上。花蕾期和花期受冻，由于雌蕊最不耐寒，轻霜冻时只将雌蕊和花托冻死，花朵照常开放，稍重的冻害可将雄蕊冻死，严重霜冻时花瓣受冻变枯脱落。幼果受冻轻时，剖开果实可发现幼胚（子房）变褐，而果实仍保持绿色，以后逐渐脱落，受冻重时则全果变褐并很快脱落。有的幼果受轻霜冻后还可继续发育，但非常缓慢，成畸形果，近萼端有时出现霜环。

霜冻是冷空气集聚的结果，所以在冷空气易于积聚的地方霜冻重，而在空气流通处霜冻轻。果树下部受害较上部重。湿度大可缓冲温度变化，故靠近水面的地方或霜前浇水，都可减轻危害。温度变化越大、温度越低、持续时间越长，则受害越重。温度回升慢，受害轻的还可以恢复，如温度骤然回升，则会加重冻害。

70. 预防杏扁冻花冻果的途径和方法都有哪些？

预防杏扁冻花冻果的途径及方法，概括起来有以下几点：

（1）选育和选择抗寒性强的品种。抗寒育种是防寒和抗寒的根本途径，培育抗冻的新品种是保证杏扁免遭冻害的最好的根本性方法。选用现有抗冻品种，如‘优一’、‘三杆旗’、‘新四号’等，是减轻冻花冻果的有效途径之一。

（2）提高树体自身的抗寒力。加强栽培管理，增强树势，提高树体本身的抗寒力，是抗冻的极为重要的内在条件。通过增施肥水、前促后控、防治病虫害、加强夏秋修剪、防除杂草、疏松土壤等，都能增强树势，提高树体抗冻能力。

（3）改善杏扁园霜冻来临时的小气候。通过调节园内的温度和湿度，可以预防或缓解霜冻。主要方法有：

①加热法：加热防霜是现代防霜较先进而有效的方法。在园内每隔一定距离放置一加热器，在霜冻来临时点火加温，下层空气变暖而上升，而上层原来温度较高的空气下降，在杏园周围形成一个暖气层。设置加热器以数量多而单个放热量小为原则，可以达到既保护杏树，而又不致浪费太大。加热法适用于大园子，园子太小，微风即可将暖气吹走。

②熏烟法：在最低温度花期不低于－4℃、幼果期不低于－2℃的情况下，可在园内熏烟。熏烟能减少土壤热量的辐射散发，同时烟粒吸收湿气，使水气凝结成液体而放出热量，提高气温。常用的熏烟方法是用易燃的干草、刨花、秫秸等与潮湿的落叶、草根、锯末等分层交互堆起，外面覆一层土，中间插上木棒，以利点火和出烟。发烟堆应分布在杏园四周和内部，风的上

方烟堆应密些，以利迅速使烟雾布满全园。每亩8~10堆、每堆25~30千克、堆高60~90厘米。每15米一带、每5米一堆。根据气象预报，在可能有霜冻发生的当晚，设专人值班观测温度，当1.5米高处的气温降到受冻临界温度时，如在半小时之内，气温继续下降，则开始点火；如在半小时内气温稳定在临界温度以上，则不必点火。熏烟可以增温2℃左右。霜冻多发生在凌晨3~6点，因此后半夜的观测尤为重要。一些地方配制防霜烟雾剂防霜，效果很好。配方为：硝铵20%、锯末70%、废柴油10%。将硝铵研碎，锯末烘干过筛。锯末越细、发烟越浓，持续时间越长。平时将原料分开放，在霜冻来临时，按比例混合，放入铁筒或纸壳筒。根据风向放置烟雾剂，待降霜时点燃，可增温1~1.5℃，烟幕可维持1小时左右。熏烟法对平流霜冻无效。

③喷水或浇水法：有条件的杏园，在霜冻来临前浇水或霜冻来临时喷水，均可减轻霜冻。因水气遇冷凝结时可以放出潜热，并可增加空气湿度，减轻冻害。霜冻前一天，喷施磷酸二氢钾加氯化钙或雷力营养态液钙，增加细胞液浓度，降低冰点，对防冻也很有效。

④吹风法：霜冻是在空气静止情况下发生的，如利用大型鼓风机增强空气流通，将冷气吹散，可以起到防霜效果。国外一些国家有的果园采用这种方法，隔一定距离设一旋风机，即将发生霜冻时开启。

（4）推迟物候期，躲避霜冻。前面已提到，随着萌芽到开花，杏树的抗寒力越来越低，推迟了物候期，就相对地提高了器官的抗寒力，使花和幼果避开晚霜。推迟物候期的方法主要有以下几种：

①喷生长调节剂：多种生长调节剂如B-9、乙烯利、萘乙酸、青鲜素及脱落酸等，于越冬前或萌芽前喷洒在树体上，可以抑制萌动，延缓发芽和开花。但具体应用有待进一步研究。

②浇水：春季多次浇水能降低地温，延迟发芽。萌芽后至开花前浇水2～3次，一般可延迟开花2～3天。萌芽前至开花前持续浇水，可推迟开花5～7天。

③涂白及喷白：春季进行主干和主枝涂白，可以减少对太阳热能的吸收，降低树体温度，延迟发芽和开花，据试验可推迟花期3～6天。另据前苏联某些果园试验，早春用7%～10%石灰乳液喷布树冠，可使一般树花期延迟3～5天，在春季温变剧烈的大陆性气候地区，效果尤为显著。国内有人在杏树花芽稍微露白时喷石灰乳（水5＋生石灰1＋柴油少许），也取得了推迟花期4天的效果。

④培养二次枝果枝：利用杏树二次枝上的花芽分化形成的晚，第二年萌动开放的也晚这一特点，采取冬季重剪配合夏季摘心，培养大量的二次枝果枝，躲避晚霜，保一部分产量。

（5）喷抑蒸保温剂，保护花果器官。花期和幼果期喷“宇征”牌果树防冻剂等抑蒸保温剂，可以有效地防御大风和低温对杏花及幼果的伤害，保护花果安全渡过晚霜。花前一周喷100倍杏扁专用PBO或800倍抗逆增产灵；花前3～5天和寒流来临前3～7天，树上喷400倍、树干及主枝涂50倍冻害必施，都有显著防冻效果。

71. 在目前经济技术条件下，用什么方法可以将冻花冻果程度降到最低限？

杏扁冻花冻果问题一直就是广大杏扁种植区各级政府、科研单位、相关科局和栽培者所共同关注的问题，不断地在进行试验和探索。截至目前，还没有发现哪一种单一措施可以防止杏扁冻花冻果的。但是，也有一些比较成功的实例，本书第68题中所提到的段成龙一例，就是最好的例子。

根据多年来的研究成果和典型实例，现提出以下有推广价值的综合配套防冻措施。

①增施肥料，增强树势：树下一年施2次肥。春季发芽前至开花，10年生左右的树株施大三元复合肥（三门峡龙飞公司产）2～3千克或高氮追施肥15～2.5千克；秋季采收后株施杏扁特配肥1.5～2.5千克或雷力海藻复混肥1.5～2.5千克或农家肥50～100千克。树上一年喷3次肥。花期至幼果期喷1次雷力2000功能型复合液肥加抗逆增产灵；秋季采收后至落叶前喷2次磷酸二氢钾加雷力2000功能型复合液肥。

②加强夏秋修剪：采收后搞一次秋剪，主要任务是疏除无效枝条，保持树冠通风透光，开源节流，增加养分积累。

③控制病虫危害：对严重影响树体生长的介壳虫、串皮虫、细菌性穿孔病、流胶病等重点病虫害要及时用药，控制危害，保证树体健壮生长，叶片完好，延长叶片功能期。

④喷施“免深耕”土壤调理剂：树下全园喷免深耕1～2次，亩用量第一年400克，以后每年200克。疏松土壤、打破板结，促进根系生长和吸收养分，强壮树势，枝繁叶茂，增强抗性。

⑤喷药保护：树上喷三次杏扁专用PBO，第一年5月底至6月上旬和8月底至9月上旬各喷一次150～250倍液，第二年花前一周喷100倍液。9月下旬喷一次400倍冻害必施，花前一周和花后7～10天主干及主枝基部各涂刷一次50倍冻害必施。霜冻来临前1～2天，树冠喷150倍“宇征”牌果树防冻剂。

⑥熏烟：园内提前布置熏烟材料或烟雾剂，当气温下降到受冻临界点时点燃。

⑦受冻后补救：受冻当天至5日内，树上喷800倍抗逆增产灵或400倍冻害必施，隔7天再喷一次；主枝基部涂刷50倍冻害必施，修复受损伤细胞，保花保果，减轻冻害损失。

以上措施若全部采用，可以将冻花冻果程度降到最低限，达到花期遇－5℃不减产、－7℃保60%产量、－8℃保30%产量、－9℃不绝收；幼果期遇－3℃不减产，－5℃保60%产量、－6℃保30%产量，－7℃不绝收。

72. 能否准确预测预报冻花冻果?

搞好霜冻的预测预报，是预防杏扁冻花冻果的前提，只有掌握了霜冻发生的时间，才能及时采取预防措施。气象部门的预报是一个参考，它只是告诉我们哪天可能有霜冻，要想准确预测某个村、某个果园何时开始降温，降到几摄氏度，就得靠我们自己。现在向大家介绍一种预测预报的新方法——温度下降曲线法。

温度下降曲线法预测霜冻方法：

（1）调查温度。从花前10天（大约为小蕾期）开始，每天设专人观测1.5～2米高处温度，从日落开始，到日出结束，每小时记载一次，填入表内。除日落和日出温度外，其他时间均要整点温度。将这10天观测到的温度值汇总求出平均值（计算时阴雨天和大风天的数据不能算在其内，应删除）。

（2）制作曲线板。在硬纸板上用时间做横标，用温度做纵标，画出坐标图。用日落到日出的平均温度值在坐标上标点，然后连成曲线，用剪刀沿曲线剪下（注意日落点向右剪成水平线），即成为曲线板。

（3）预测预报。事先再制作一坐标图。结合气象预报，观测当天日落时温度，用这个温度值在坐标图上标出点，再用制作好的曲线板去对应这个点，即可知道当晚有无冻害，什么时间降到临界温度，最低降到零下几摄氏度。当测出有冻害时，及时发出警报，准时进入阵地。

这一方法的实施，需要有责任心的人去落实，要持之以恒，坚持不懈，来不得半点虚假。

73. 新型果树叶面肥PBO（华叶牌）是一种什么产品？

PBO是一种新型果树促控剂，其主要成分有细胞分裂素BA（又名促花激素）、生长素衍生物ORE、坐果剂、增糖着色剂、抗旱保水剂、延缓剂、早熟剂、膨大剂、防冻剂、光亮洁净剂、防裂素、杀菌剂及10多种微量元素等。

其作用机理是调控果树花器子房及果实三种激素的比率，提高花器的受精功能，提高坐果率，激活成花基因，促进孕育大量优质花芽，叶绿素含量增加66.7%以上，光合速率增长55%以上，光合产物增长1.21～1.35倍，促进果实细胞分裂，诱导各器官的营养向果实集中，促进机体物质运转的大循环，果实增大、内含物高、营养丰富，品质佳。

具体功能为：①孕花多、早产早丰。可使极难成花的树种和品种孕育大量花芽，次年增产2～3倍。各地已用PBO取代了多效唑和环剥促花。②受精功能强、坐果率高，增产有保证。能使绝大多数果树达到半树花、满树果。③促进果实膨大，单果重增幅大。各类果树果重增幅为28%～126%，而且均匀一致，基本无小果和畸形果。④糖分高。含糖量增2.8～5.0个百分点。⑤着色好，而且光亮度高。⑥提早成熟，且成熟期一致。一般果树提早成熟7～15天。⑦防裂果。各种果树及西瓜基本不裂果，减少损失10%～25%。⑧抗逆性强。花前施用PBO的花器子房对寒冷、干旱、阴雨及大棚不良环境有较强的抗性，大灾之年可获丰收。1998年北方几省施用PBO的杏、梨、桃、苹果花期遇到－4℃低温未遭冻害，而对照园基本无收。⑨治病抗病。据甘肃白银农垦公司4年的试验，PBO治愈了顽固的黄化病，而且对真菌病害如烂果病，有一定的抗性。⑩耐贮运。红富士苹果于3月上旬测定，固形物仍达17.2%，硬度不减。⑪无公害、无副作用。据检测，残留大大低于国际标准，果实高桩、果面光亮洁净，果柄不易脱落，无采前落果现象。⑫经济效益高。PBO功能齐全，可克服大小年，早果早丰，稳产优质高效、省工节支。

新型果树叶面肥 PBO 由江苏省江阴市果树促控剂研究所研制，江阴市华叶农业科技有限公司出品。经农业部及中国农科院专家反复考证，最终将这一产品列入国家重点推广项目，也是西部大开发的重点项目，推广全国各地，果农应用后取得了巨大的经济效益，短短几年时间，全国已获得 30 多亿的经济效益。所以 PBO 被称为“果农真正的财神爷”。

74. 新型果树叶面肥 PBO 有防冻效果吗?

PBO 的作用之一就是增强树体抗逆性，当然也包括抗寒性，换言之即可以防冻。山西新绛县杏树研究会 1998 年 6 月底和 8 月上旬叶面喷施 PBO，1999 年幼果期（4 月 7 日）遇到 -4℃的特大冻害，未喷 PBO 的桃、苹果、梨、杏幼果全部冻落了，而喷 PBO 的杏却获得大丰收，单果重还增加了 27%。1998 年山东临朐县龙岗镇在桃树幼果期遇到 -4℃的低温，施 PBO 的桃果安然无恙，而周围的桃果全部冻落。甘肃白银农垦公司的油桃花蕾初露红期，连续 4 天（4 月 8 日至 11 日）气温都在 -5 ~ -8℃，喷过 PBO 的树仍正常结果；而对照区花蕾全部冻落，颗粒无收。陕西省彬县果树站 2001 年在酥梨上大面积推广了 PBO，于花前喷 300 倍液，花期遇到 -6℃的寒流，喷过 PBO 的 800 亩梨树抵抗住了这场霜冻，而没有喷 PBO 的树全部受冻，全县损失 4 亿元左右，陕西省气象局经济作物气象台在该县召开了现场推广会议。

河北省蔚县下宫村乡北绫罗村段成龙、宋进奎、王瑞等三户均在自家杏扁园中使用了 PBO，使用浓度为 250 ~ 300 倍，全年喷 2 ~ 3 次。2005 年 5 月 6 日黎明前该村气温降到了 -4℃，其他户的杏扁树幼果受冻严重，而这 3 户受冻很轻（详见表 3）。该县其他乡村同时也遭受到了冻害，损失惨重，全县直接经济损失 2500 多万元。蔚县科技局及时组织有关专家对这 3 户的成果进行了现场测试。2005 年秋在全县又重新布置了 6 个示范点，推广这一新的有效措施。

表 3 杏扁树喷施 PBO 效果测试表

户名	面积（亩）	树龄	品种	药液浓度	次数	喷药时间	其他措施	受冻率（%）	总产（核）（千克）	亩产（核）（千克）	平均亩产值（元）
段成龙	5	13	优一	300 倍	3	2003. 9 2004. 4 2004. 8	免深耕施肥	14. 6	1550	310	4030
宋进奎	2. 5	10	优一	250 倍	2	2004. 7 2004. 9	熏烟施肥	31. 3	494	197. 5	2568
王瑞	5	14	优一	250 倍	3	2003. 9 2004. 7 2004. 9	施肥	53. 4	571. 5	114. 5	1488
对照	6	10	优一	–	–	–	–	98. 2	36	6	78

75. PBO 的防冻机理是什么？

PBO 的防冻机理有 4 点：①内含的防冻剂可以增强树体的抗寒性，在一定的低温范围内帮助花蕾、花朵、子房、幼果、幼芽及幼叶等幼嫩组织安全渡过霜冻。②内含的延缓剂可以抑制秋梢生长，减少树体养分消耗。③施用该剂后，叶绿素含量增加，光合速率增长，光合产物增多，树体贮藏养分大幅度增加，花芽质量明显提高。④内含的 10 多种营养元素使细胞液浓度提高，冰点降低。以上 4 点的有机结合和共同作用，可以使杏扁树的花和幼果在 -4 ~ -6℃的低温下免遭冻害或受冻较轻。

76. 杏扁树怎样利用 PBO 进行防冻？

杏扁树利用 PBO 进行防冻，首先要加强综合管理，增施肥水、复壮树势，然后才能使用 PBO。一年使用 2～3 次，第一次在开花前 7～10 天，喷 100 倍液；第二次在采收后至 7 月底，旺树喷 150 倍、中庸树喷 250 倍、偏弱树喷 350 倍，弱树不能喷；第三次在 8 月下旬，使用浓度与上一次一样。这三次药，以第一次和第三次为重点，不可不喷。喷药时加入 300 倍的加锌加钙磷酸二氢钾或 1000 倍雷力 2000 功能型液肥及 1500 倍害立平，效果会更好。

77. 杏扁专用 PBO 是怎么回事？

杏扁专用 PBO 是针对杏扁冻花冻果问题，在原配方基础上进行改进，专门特配的以抗冻为主要作用的 PBO。杏扁专用 PBO 去除了增糖着色剂、早熟剂、光亮洁净剂等提高果实品质的成分，减少了抑制生长的成分，提高了抗冻成分的比例，使其更适应于杏扁树的特性。不但旺树和中庸树可以使用，弱树也同样可以使用。

杏扁专用 PBO 为占结果树总面积 70% 左右的弱树和中庸树，以及管理水平一般的广大杏扁种植户带来了福音，多了几分抗冻夺丰收的把握。在使用技术上和普通 PBO 基本一样，所不同的是弱树可以喷，浓度用 300 倍。

78. 冻害必施是一种什么产品？

冻害必施是中国农业高新技术专业委员会推荐产品，属 AA 级绿色食品生产资料，获得农业部正式登记。它属于氨基酸复合型叶面肥，其主要功能为抗冻防霜、扶苗解害、保花保果。广泛使用于露地和保护地种植的各种果树、瓜果蔬菜、花卉苗木、草坪、药材、粮棉油作物等。冻害必施由四川国光农化有限公司（全国李杏协作组成员单位，中国十大名牌农药生产企业）生产。

79. 冻害必施的抗冻机理是什么?

冻害必施的抗冻机理为：诱导植株产生抗冻因子，激活生物酶，调节细胞膜透性，增加细胞膜的稳定性，提高细胞质浓度；杀灭冰核细菌和阻止其繁殖；抑制和破坏冰冻蛋白成冰活性，增加热量，阻止结冰；从根本上提高作物对低温冻害的抵抗能力。施后在植物表面形成一层保护膜，增强植株保水和抗冻能力，减轻冻害对植株的伤害。

由于该品含有多种活性有机营养物，受冻后施于植株，能较快的减轻灾情，扶苗解害康复快。

80. 杏扁园怎样利用冻害必施防冻?

杏扁园用冻害必施防冻有 5 个用药时期：①晚秋树体落叶休眠前 15 天；②霜冻或寒流来临前 3 ~7 天；③早春开花前后；④突遇低温受冻害之后；⑤连日雨雪后或寒冷天气转好时。

使用方法有二种：一是涂刷，将药液稀释 50 ~100 倍，涂刷树干和主枝基部。涂药液量一般每株 50 ~200 毫升左右，树龄大、树干粗、主枝多者多涂，反之则少涂。涂到见少量滴液为止。二是喷雾，将药液稀释 400 ~600 倍喷施树冠，喷到枝枝见药，叶叶挂水为止。若连续喷，间隔期为 10 ~15 天。

81. 使用冻害必施应注意哪些事项?

使用冻害必施时应注意以下几点：①喷施和涂刷时要求均匀周到。②嫩皮可直接涂刷，老皮应先刮去再涂刷，以利快速吸收。③在涂刷该药时，应加入害立平或适量面粉，增强药液的黏着力和渗透力。④当植株受低温霜冻后，应及时用该品恢复、减轻灾害。⑤该药对药害、肥害、旱害及盐碱害同样有扶苗解害康复作用。⑥管理上注意多施有机肥或大三元复合肥，避免过多使用氮肥。⑦使用温度一般要求在 0℃ 以上，因为低于 0℃ 时植物对药液的吸收较差。⑧雾天使用时应在雾散开,植株上无露水时使用。⑨该剂仅对轻中度冻害有增强抗冻能力,扶苗解害的作用,对重度冻伤和已临近冻死的植株无效。⑩使用该剂可结合树干涂白、浇水、喷水、熏烟等措施,提高局部温湿度,以减轻冻害。

82. 第三代果树花芽防冻剂有何特点?

果树花芽防冻剂属抑蒸保温剂范畴，它具有显著的抑制蒸腾、减少水分损失、保持花果器官温度，减轻或防止冻害的作用。第三代果树花芽防冻剂是在第一、二代防冻剂基础上经过调整配方和改进工艺而研制的新一代防冻剂，其防冻效果明显优于前二代。被中国农村专业技术协会和中国科协农村专业技术服务中心列为推广产品。1999 年获全国专利技术发明博览会金奖。河北省晋州市农作物防冻研究所研制生产。

专家鉴定该剂是目前国内唯一防冻效果显著的抑蒸保温剂产品。无毒、无副作用，促长效果显著，提高坐果率，增产增收。适用于果树、蔬菜、花卉、烟叶、中药材、粮棉油等各种作物的防寒防冻。喷施一次可使作物在 -3℃左右不受冻害,7 ~ 10 日有效。

该产品对果树的花芽、花蕾、花、幼果、幼叶及嫩梢等都有防冻作用。早春花芽膨大后就可喷施（喷后 4 小时即可发挥防冻作用），因为早春的持续低温和乍暖乍寒，不但能冻坏花蕾，而且还能造成果树僵芽，到花期时无花可开，导致减产或绝收。

83. 果树花芽防冻剂的防冻机理是什么?

当气温降至 0℃以下时，该剂可使植物关闭气孔，阻止冷空气进入体内；提高细胞原生质的浓度，黏度加大、细胞的性能稳定；内含的营养元素被吸收后，降低结冰点；喷洒于植株上后固化成膜，就像给植物穿上棉衣一样，抑制作物自身热量的散失，从而发挥防冻作用。气温回升至 0℃以上时，膜衣软化成液态，作物恢复常态。如已发生冻害或寒害，及时补喷，有缓解冻害减少损失，迅速恢复生长的作用。以上便是果树花芽防冻剂的防冻原理或机制。

84. 杏扁园怎样利用果树花芽防冻剂防冻?

杏扁园利用果树花芽防冻剂防冻应在花芽萌动期至幼果期使用，即从3月底开始至5月10日结束（冀北地区），当有降温预报时，提前使用，保护期为7~10天。将袋内小瓶及药剂先用1千克热水溶化，待完全溶解后再加入15千克冷水搅匀后即可使用。被保护的部位喷湿不滴水为宜。气温过低时应配合其他措施，如熏烟、浇水、喷水等。低温持续过长，应连续喷2~3次。盛花期不宜使用，以免影响授粉。如已发生冻害，及时补喷，有解救冻害、减少损失、迅速恢复正常生长的功效。

85. 杏扁受冻后能补救吗？怎样进行补救?

杏扁受冻后能否补救，要看受冻的程度。花芽受冻后形成僵芽，不能补救。花朵受冻后,若子房没有变褐,可以补救;若子房已经褐变,则不能补救。幼果受冻后,若果肉已变色萎缩,则不能补救;若果肉新鲜未变色,只是果仁变褐,则有补救的可能。

补救措施：①树干和主枝涂刷50倍冻害必施，树冠喷洒400倍冻害必施。②树干和主枝涂刷10倍天达2116，树冠喷洒1000倍天达2116。③全树喷100~150倍果树花芽防冻剂（宇征牌）。④全树喷2次800倍抗逆增产灵加1000倍雷力2000功能型复合液肥，间隔10~15天。补救应在冻害发生当天进行，最晚不能超过5天，否则无效。

十、树体保护技术

86. 树干涂白有什么好处？

树干涂白是树体保护的一项重要措施，它既可以消灭越冬害虫和病菌，也可防止日灼病，同时还能推迟开花期、躲避晚霜。一些在树干及其裂缝中越冬的病虫害的虫卵和孢子，在给树干涂白的同时，大部分可以被杀死，因为在配制涂白剂时加入了可以同时杀菌杀虫的强碱性农药石硫合剂原液。日灼病在新植幼树、老树更新修剪、高接换头，或在生长季节因病虫害严重而导致大量落叶后是常常可以发生的。因为枝干失去了叶幕的遮挡，阳光直射会引起向阳面树皮坏死，严重时腐烂、流胶、树皮剥落。日灼病在昼夜温差大的地区更易发生。防止日灼病除修剪时注意不可过重、适当多留枝条之外，枝干涂白是最有效的方法。白涂剂反射直射阳光，不使树干增温太快，防止日灼病发生，同时还能减缓物候期进程，延迟开花，躲避晚霜的危害。

87. 怎样给树干涂白？

给树干涂白，分以下三步：

（1）选择配方。①水 18 千克、食盐 1 千克、石硫合剂原液 1 千克、生石灰 6 ~7 千克；②水 10 千克、生石灰 3 千克、食盐 0. 5 千克、石硫合剂原液 0. 5 千克。

（2）配制涂白剂。先将生石灰用少量水化开，去掉渣子，搅成石灰乳。食盐也化成盐水。石硫合剂若用晶体块，也需提前化开。将食盐水和石硫合剂倒入石灰乳中搅动并加足水量搅拌均匀即成。给小树和初果期树涂白时，为防止野兔啃食树皮，可在配制涂白剂时加入100克动物油脂（趋避作用），在加食盐水和石硫合剂之前加入，充分搅拌。为增加黏度，可加入少量面粉或豆浆。

（3）涂刷。用毛刷将涂白剂均匀涂刷在树干和大枝上，分杈处和根颈部位也要涂刷。为了防止白涂剂脱落，也可在其中加入1千克水泥。将刮树皮和涂白结合起来，即先刮树皮再涂白，对于成龄杏树的防虫灭病效果更好。

涂白应在入冬前（11月中下旬）和早春（3月上中旬）进行，一年可涂1次，也可涂2次。

88. 成年树刮树皮有什么好处？怎样刮好？

成年杏树树皮粗糙，老皮翘起，并形成很多缝隙，成为很多害虫的化蛹产卵及越冬场所。此外老树皮增厚，有碍于树干活组织的呼吸作用，不利于树干增粗和树体的生长发育。因此，每隔2~3年应对成年杏扁树进行一次刮老皮、清理翘皮的工作，以利树体生长和减灭越冬虫卵及病原菌。

刮树皮以在早春进行为宜，此时越冬害虫尚未出蛰，虫卵也未孵化，且无树叶妨碍，便于操作。刮树皮可用专用的刮皮刀，既省力又安全，也可用镰刀代替。刮皮的程度以刮去老皮翘皮为度，不可过深，掌握“见红不见白”的原则。“见白”就是刮到了韧皮组织，这样会造成伤口，引起流胶和冻害。刮下的树皮应集中烧毁，以消灭越冬病菌和虫卵。除主干老皮要刮外，大枝上也要刮除干净，特别是分杈处皱褶多，最易隐藏害虫，应仔细刮除。

89. 怎样护理树体伤口？

较重的修剪、病虫的为害、超重的负载，以及大风、雷击等，常常给树体造成较大的创伤，这些大的伤口如不及时加以处理，势必会引起病菌的侵染，导致创面腐烂，严重时使木质部腐朽，造成空心，严重削弱树势、缩短寿命，影响生长和结果。

护理方法：

①对较大的锯口，用刀削平，用封剪膏涂抹断面，也可用843康复剂或石硫合剂对断面进行消毒处理。对较大的剪口，随时用封剪膏涂抹伤口。

②对风折技、压断枝及雷击枝均应用锯将伤处锯平，用刀削平后再用塑料布包扎。

③对于病枝应将局部树皮刮除露出新茬，涂上涂白剂，并用塑料布包住。伤口最好刮成梭形，以利愈合。

④对人畜碰伤的大块树皮，也应将边缘处刮平，再用牛粪加黄土用水调成稠糊状抹在伤疤上，以利产生新皮。

90. 怎样防止野兔啃树?

野兔在北方比较普遍，常常在冬季和早春啃食幼树地面以上10～50厘米处的皮层，有的将树干整圈皮啃光，造成幼树死亡，对新建杏扁园和成品苗苗圃危害很大，造成缺株和缺苗段垅，应引起重视，注意预防。

防止措施：

①用废机油加少许敌敌畏农药刷幼树50厘米以内树干及分枝。

②结合涂白在涂白剂中加入动物油脂，涂刷树干及枝杈。

③用动物血涂抹树干（不必全涂）。

④大雪之后由于兔子缺食，可以在兔子经常出没的地方设置铅丝套或投放毒饵。

91. 怎样防止幼树抽条和整株冻死?

杏扁树虽属抗寒树种，但幼树抗寒性较差，生产中时常发生抽条甚至整株冻死的现象，尤其是水地园中的幼旺树，冻害更重。昼夜温差大、秋季多雨、冬季大风，早春乍暖乍寒，均易导致幼树抽条和冻害。

幼树受冻后的表现：轻度受冻者发芽后生长缓慢，叶片很小，颜色发黄，用刀割开皮层可见形成层轻度变褐。中度受冻者迟迟不发芽，但枝条不抽不干，部分发芽的生长一段时间后自然干缩，用刀割开皮层可见形成层已全部变褐，部分木质部也有褐丝。重度受冻者枝条干枯，皮层腐烂，除形成层外，木质部也严重变褐，进入雨季后枝干上长出白色蘑菇状腐生菌。

幼树受冻除了气候因素之外，管理不当是造成冻害的主要原因。秋季大肥大水、偏施氮肥，树体生长旺盛，秋梢生长过量，停止生长晚，木质部不充实，枝条水分含量偏高等，极易引起幼树抽条和冻害。

预防措施：

①控制氮肥的施用量，尤其是后期，增加磷钾肥的施用量，提倡平衡施肥。

②秋季一般不要浇水。

③7 月份喷一次 150～200 倍 PBO 果树促控剂或 1000 倍多效唑，控制秋梢生长。

④从 2 月份起连喷二次果树长效防冻剂，间隔 30～45 天。

⑤早春全树喷白（石灰乳）。

对于冻死的小树要及时进行清理，死到什么部位就清理到什么部位，将死树死枝移到空旷处烧掉。对于从下边萌发出的新枝，要注意培养利用，以替代死去的部分，尽快恢复园貌。

92. 杏扁树遭受雹灾后怎样护理树体？

杏扁树遭受到雹灾后，轻者叶片残缺不全，千疮百孔，果实伤痕累累，枝条皮破；重者全树遍体鳞伤，大枝折断，枝叶满地。雹灾所造成的伤口极易感染病菌，诱发病害。因此，雹灾过后应马上开展以下几项工作：①修整伤口。大枝破皮处要用刀削齐，以利愈合。折断的枝条要用剪或锯整平断面，并用塑料布包裹。②喷药保护。连喷二次 800 倍 70% 代森锰锌或 500 倍 75% 百菌清，间隔 7～10 天，保护树体不受病菌侵染。③喷药修复。灾后连喷二次 800 倍抗逆增产灵，间隔 10～15 天，修复受损伤的叶片和果实细胞。④恢复树势。灾后立即补施一次速效性氮肥，如高氮速溶追施肥。叶面连喷二次 1000 倍雷力 2000 功能型复合液肥加 300 倍磷酸二氢钾，间隔 7～10 天，恢复树势。

93. 杏扁树遇到肥害、药害后怎么办？

由于施肥不当或用药浓度过高等原因，有时会使杏扁树遭受到肥害或药害，表现为叶片有水浸状大块失绿，焦边或有褐斑，急性坏死，甚至叶片脱落。一旦发生肥害、药害，要立即采取补救措施。

（1）肥害：若是因施肥过多引起，可将施肥点进行扩大混土，浇水稀释，并叶喷清水。若是因施用了有害劣质肥引起肥害，应立即将肥连土挖出。叶面喷布二次 1000 倍雷力 2000 功能型复合液肥或 800 倍抗逆增产灵，间隔 7～10 天，缓解肥害。

（2）药害：药害原因比较简单，一是浓度过大，二是用药不对（杏树生长期禁用石硫合剂和波尔多液，慎用乐果和氧化乐果）。一旦发生药害，应立即喷清水或喷抗逆增产灵或雷力 2000 进行补救，症状轻的很快就可恢复，症状重的待 7～10 天再喷一次。

94. 怎样提高杏扁树坐果率？

杏扁自花结实率仅为 1%～5.5%，而自然结实率为 9%～36%，基本上可以满足正常结果的需要，但杏扁花期常遇大风和低温，尤其是沙尘暴天气，严重影响杏扁授粉受精，造成低产；有些园片品种比较单一，缺乏授粉树，也会影响坐果率，降低产量。因此，要想获得较高产量，就必须设法提高杏扁树坐果率。

花期喷水和喷硼可以解决因春季气候干燥、花期大风或沙尘暴天气而造成的坐果率不高问题。因花期大风会吹干雌蕊柱头，尘粒会堵塞柱头孔隙，造成花粉因柱头干燥而不能萌发，因孔隙堵塞而不能进入子房。花期喷水使柱头变得湿润，使孔隙变得通畅；花期喷硼除了水分的作用外，硼可以促进花粉粒的萌发和花粉管的伸长，有利于授粉受精，从而提高坐果率。喷水和喷硼宜在盛花后第2~3天进行，喷硼的浓度为300倍，若同时加入50毫克/千克的赤霉素或0.2%~0.5%的白糖，效果会更好。也可直接喷洒1000倍10%雷力液硼（朋友情）。

人工辅助授粉和放蜂可以解决因品种单一、缺乏授粉树而造成的坐果率不高问题。花期进行人工辅助授粉，可以有效地克服由授粉不良引起的落花落果而显著地提高坐果率。据我们试验(1992~1994年)，“优一”自花结实率为3.8%，自然授粉坐果率为30.3%，而进行人工辅助授粉之后，坐果率可高达48.5%。人工辅助授粉工作技术性较强，具体方法这里不做详细介绍，有条件的可以在技术人员指导下去搞。

喷施激素可以促进花芽分化和发育，提高来年坐果率。对于坐果率低的品种（如白玉扁），可以通过秋季（9月下旬）喷赤霉素（50~100毫克/千克）来提高花芽质量和来年的坐果率。

7、8月份喷施PBO果树促控剂，可以显著提高花芽分化质量和数量，提高下年的坐果率，大年树应用效果更显著。喷施浓度为旺树150倍、中庸树200倍、弱树300倍。7月下旬和8月下旬各喷一次。

采收后施基肥，发芽前施氮肥，以及花期喷尿素等措施，均可提高坐果率。

十一、采收、加工及销售

95. 杏扁采收时应注意哪些问题?

杏扁采收与鲜食杏不同。鲜食杏为了采后能够运输或存放一段时间，一般在八成熟时采摘，而杏扁必须在果实完全成熟时采收。过早采收会降低出仁率及千粒重，影响产量，而且早采伤枝伤叶也比较严重。采收过晚，果实落地，不易收集利用果肉，杏核也易损失。

杏扁适宜的采收标志为：杏果由绿变黄，向阳面带有红晕。轻摇树枝果实可落下，有的果肉从缝合线处自然裂开。用手捏杏果，果肉与果核易分离，完全离核。

具体的采收日期确定之后，采收当天何时采摘也是应当注意的问题。一般应等露水干后开始采摘为宜，否则果面带有露水，不仅会弄脏果肉，而且因湿度大会加速杏果的腐烂。杏成熟期正值高温季节，中午前后日晒甚烈，不宜采收，否则过热的杏果集中在一起，会加剧呼吸作用，容易腐烂。

杏果在树体上的位置不同，成熟时间不一，要成熟一部分采收一部分，不要强求一次性采完。采收时应将品种分开，分别采收，分别堆放，不能混杂。

采收时最好用轻摇树（枝）的方法，将果实轻轻震落，过高处可用竹竿轻轻敲落。注意尽量少伤枝叶。为提高拾拣杏果的速度，可预先在树下铺一块较结实的布，集中收起杏果。

杏果采回后，要铺放在比较干燥、不易积水的地上，不要堆的太厚，防止发热腐烂。及时掰出杏核，翻晒 5 ~ 7 天后入库。杏肉晒成杏干，晒时严防雨淋霉变，晒干后装入麻袋，3 ~ 4 天后又可回软，应再翻晒半天。

96. 怎样加工杏核和贮存杏核杏仁?

杏核晒干后，如果计划按核出售，则入库待售即可；如果按仁出售，则应准备破核取仁。破核的方法分手工砸核和机器轧核两种。

（1）手工砸核。这种方法比较古老，优点是破碎率低，缺点是工作效率低。每人每天砸核 25～40 千克。开始时一粒一粒的砸，用手抓住核的下部，缝合线向上，用小锤轻轻砸开；熟练后可不用手抓，将几十粒一齐摊在石板或木板上，用锤逐个打击，熟练者一下一粒，则破碎率很低，每天可加工杏核 50 千克以上。用于手工砸核的杏核晾晒时不要太干，以防砸击时震破为二片。砸核时的垫板以硬杂木板为好，其次是石板，用砖头不好，因砸击时产生的砖粉既污染杏仁又有损于人体健康。

（2）机械破核。目前破核机械大体分大、中、小三类。①大型破核机每小时可加工杏核 4 吨，破碎率 7% 左右，配套有鼓风机和不同规格的筛子，可将整核、整仁、大皮、碎皮及碎仁等大致分开，适合于大加工厂采用。②中型破核机每小时加工杏核 0.2 吨（手摇）至 0.5 吨（电动），破碎率 6% 左右，配有一道筛子，可将整皮整核与杏仁和碎皮大致分开，适合于小型加工厂采用。③小型破核机每小时加工杏核 50 千克（手摇）至 200 千克（电动），破碎率 5% 左右，不能分选，适合于家庭及小收购加工点采用。

杏核破壳后，应认真进行挑拣，将杏仁、未破开的小杏核和残次粒（包括破碎仁、秕粒、虫蛀和霉变粒等）分开盛放。为提高挑拣速度，可预先用风车或筛子除去大部分核皮。

暂时不准备销售的杏核和杏仁应妥善贮存，包装物要求通气好、干净、结实。不能用塑料袋存放；线口袋偏厚，透气性差，也不宜长久存放杏仁，最好用麻袋或较结实没有内衬的编织袋。杏核贮存比较简单，注意防潮防鼠即可。杏仁贮存要求比较严格，应注意以下几点：①杏仁含水量控制在7%以内，潮湿的杏仁不能较长时间堆放。②库房要干燥、通风、阴凉。不能就地或靠墙堆放，包下垫上木棍，以免受潮和以利通风。经常开窗通风，保持库内清洁。③杏仁不能与葱蒜、汽油、柴油、煤油、酒类、调味品等放在一起；必须同农药隔绝。④杏仁夏天易生虫，应在入夏之前用磷化铝熏库，消灭虫卵，并注意防止鼠害。

97. 杏扁的质量标准是如何划分的？

目前还没有统一的杏扁（包括杏核和杏仁）质量标准，参照河北蔚县杏扁经销总公司制定的企业标准及实际收购情况，本书给出以下杏扁质量等级标准，供大家参考。

表4　杏扁质量等级标准参考表

等级 项目	一　等				二　等				三　等			
	杏核		杏仁		杏核		杏仁		杏核		杏仁	
外观	均匀一致，核壳黄褐色、有光泽		粒形饱满整齐、仁皮黄褐色		较为均匀一致、黄褐色有光泽		粒形较饱满整齐、仁皮黄褐色		大小不均匀、淡黄褐色、光泽度较差		粒形较饱满、整齐度较差、仁皮淡黄褐色	
平均单均重（克≥）	龙王帽	优一	龙王帽	优一	龙王帽	优一	龙王帽	优一	龙王帽	优一	龙王帽	优一
	2. 30	1. 67	0. 77	0. 71	2. 20	1. 56	0. 67	0. 63	2. 17	1. 50	0. 59	0. 56
每500克粒数（≤）	217	300	650	700	227	320	750	800	230	333	850	900
出仁率（%≥）	33	43			30	40			27	37		

（续）

等级 / 项目	一等		二等		三等	
	杏核	杏仁	杏核	杏仁	杏核	杏仁
自然含水率(%≤)	7.5	7	7.5	7	8	7.5
杂质(%≤)	1	0.5	1.5	1	2	1.5
破碎率(%≤)		2		4		6
异色粒(%≤)		0		1		2
异形粒(%≤)	2	2	5	5	10	10
虫蛀粒(%≤)	1	0	2	1	3	2
霉变粒(%≤)	1	0	2	1	3	2
空秕粒(%≤)	1	1	3	3	5	3
气味、口感		无异味、正常		无异味、正常		无异味、正常

98. 杏扁种植面积扩大后，会不会出现产品滞销的问题？

人们担心杏扁种植面积扩大后，产品会卖不出去，价格会下跌，看似有一定道理，因为其他果树（如苹果、梨、山楂等）都曾出现过类似问题。但仔细分析起来以上担心是多余的，原因有5点：①杏扁树多数被种植在干旱瘠薄的地块，管理多数比较粗放，投入很少，有面积没产量的园子为数不少。因此，面积扩大后产量不一定多。②由于冻花冻果问题的客观存在，使得杏扁产区时常遭受到冻害的威胁，产量极不稳定，甚至出现绝收。③国家对农产品加工的支持力度很大，鼓励开发杏仁制品。随着以杏仁为原料的加工食品的开发,对杏扁的需求将会大幅度增加。④人们对生活质量的要求越来越高,注重保健和健康。而杏仁、杏干及其加工制品是很好的保健食品,长期食用可以美容养颜、润肺止咳、抗癌、延年益寿。随着人们对杏仁保健价值的认识,对杏仁及其制品的需求将会越来越大,现有的杏扁产量(1 万吨)只够中国人(仅国内)一人一个月吃一粒。⑤国际市场正在逐步打开,河北蔚县产的杏扁仁已进入西欧和东南亚市场,前景看好。目前正在积极寻找进入美洲、东欧和西亚市场的渠道。综合以上 5 点,归结为一句话:产品少需求大,供不应求。

99. 目前已开发出哪些杏仁加工产品?销路怎样?

早在 20 世纪 90 年代,人们就已经将注意力放到了杏仁加工增值和产品开发上面。1995 年河北蔚县率先成立了首家龙头企业"河北蔚县杏扁经销总公司",相继开发出脱衣白仁、开口杏核、巧克力杏仁、咖啡杏仁、奶味杏仁、杏扁露、脱苦山杏仁等 7 个系列、10 余个产品。脱衣白仁主要销往港澳及东南亚地区,销路畅通;开口杏核销往国内各类城市,供销两旺;其他产品正在逐步打开销路,进入市场。'龙王帽'品系主要用于加工脱衣白仁和直接出口原仁;'优一'品系主要用于加工开口杏核和其他熟食品系列。

100. 河北省杏扁产业龙头企业—蔚县杏扁经销总公司简介

河北蔚县杏扁经销总公司始建于 1995 年 10 月,是专门从事仁用杏经营加工、产品开发和基础研究的出口创汇型特色产业龙头企业。公司组建以来,以 10 万元开办费、12 名干部职工、租房办公的小摊子起步,在上级领导、有关部门的大力扶持下,经过全体员工艰苦创业、奋力拼搏,实现了跨跃式发展,现已达占地 160 000平方米,建筑面积 6000 余平方米,总资产 3000 余万元,固定资产1100万元的规模。2002年被河北省人民政府认定为“省级农业产业化经营重点龙头企业”。

蔚县杏扁经销总公司是依托当地资源优势发展起来的农业产业化龙头企业。蔚县位于冀西北山区，是中国仁用杏的传统产区和主产区，被国家林业总局命名为“中国仁用杏之乡”，也是河北省的仁用杏生产基地县。现有仁用杏种植面积3万公顷，其中挂果面积1万公顷，年产杏仁2000吨。

公司现有仁用杏脱衣白仁、仁用杏熟食品、苦杏仁脱苦、破核分选、杏核壳活性炭等加工生产线和加工厂，年加工“华蔚”牌仁用杏系列产品能力2000余吨。仁用杏脱衣白仁以加工‘龙王帽’仁为主，加工过程全部为机械化自动生产，不接触任何有害物质，达到绿色食品生产标准；开口杏核、巧克力杏仁、咖啡杏仁、奶味杏仁等仁用杏系列熟食产品是近年新推出的、体现仁用杏独特风味的高档熟食品；同时在国内首先开发出杏扁露饮料，将杏仁露提高了档次；杏仁脱苦产品采用国内先进的非药剂自然脱苦法，更好地保持了杏仁的营养成分和色泽。

1999年以来，“华蔚”牌仁用杏系列产品多次荣获“中国国际农业博览会名牌产品”和“河北省农业名优产品”称号。公司拥有自营出口权，产品远销国内沿海大中城市，并出口东南亚及欧美国家，年销售收入2000余万元，其中出口创汇150多万美元。

二十一世纪施肥新法
雷力系列海藻有机肥介绍

1. 高品质的天然活性肥料

雷力海藻肥中的核心物质是纯天然海藻提取物，主要原料选自天然海藻，经过特殊生化工艺处理，提取海藻中的精化物质，极大地保留了天然活性组份，含有大量的非含氮有机物及陆生植物无法比拟的K、Ca、Mg、Fe、Zn、I等40余种矿物质元素和丰富的维生素，特别含有海藻中所特有的海藻多糖、藻朊酸、高度不饱和脂肪酸和多种天然植物生长调节剂，如植物生长素、赤霉素、细胞分裂素、多酚化合物及抗生素类物质等，具有很高的生物活性，可刺激植物体内非特异性活性因子的产生和调节内源激素的平衡。

2. 极易被植物吸收的肥料

雷力海藻肥中的有效组分经过特殊处理后，呈极易被植物吸收的活性状态，在使用后的2~3个小时进入植物体内，并具有很快的吸收传导速度。雷力海藻肥中的海藻酸喷施后可在植物表面形成膜，使营养成分最大限度地被吸收利用。

3. 天然的土壤调理剂

雷力海藻肥中含有的海藻酸是天然土壤调理物质，能促进土壤团粒结构的形成，可增加土壤生物活力，内含酶类可增加土壤中的有益微生物，具有改良土壤、增加土壤肥力的作用，减轻农药、化肥对土壤的污染。

4. 多种功能的有机肥料

雷力海藻肥是集营养成分、抗生物质、植物生长调节物质于一体的多功能有机肥料，生物活性高，使用成本低，具有高效、速效、增效的特点。

5. 符合环保要求的肥料

雷力海藻肥原料选自天然海藻，与陆生植物有良好的亲和性，对人、畜无毒无害，对环境无污染，具有其他任何肥料都无法比拟的优点，是有机农产品生产的首选肥料。

与其他肥料的区别

先进的提取技术确保雷力海藻肥活性物质含量高。雷力海藻肥中含有天然植物生长调节剂如：生长素、细胞分裂素类物质和赤霉素等，具有很高的生物活性。

雷力海藻肥中的海藻酸可以降低水的表面张力，在植物表面形成一层薄膜，增大接触面积，使水溶性物质比较容易透过茎叶表面细胞膜进入植物细胞，使植物最有效地吸收海藻提取液中的营养成分，因此如果海藻液体肥和杀虫剂、杀菌剂以及化学肥料混合使用，效果更佳，可降低喷洒费用，对农药和化学肥料具有增效作用。

特殊生化方法使海藻中的有机大分子变成易于植物吸收的小分子，多种有机养分协同发挥作用。独特的螯合技术使其十分稳定，极易被水溶解。养分为有机态，不会出现无机营养的烧叶、烧根现象，使用十分安全。

雷力 2000 功能型复合液肥

产品类别：含海藻酸可溶性肥料，具有营养、增产、抗病和双向调节作用。

主要成分：海藻酸≥14 克/升，氮、磷、钾≥140 克/升，铜、铁、锰、锌（螯合态）≥40 克/升。

其他成分：氨基酸、海藻生物活性物质、维生素、稀有微量元素、海藻多糖等。

作用功效：

①供给作物全面均衡的营养，利于作物快速吸收和传导，预防植物的生理病害。

②促进作物生长，提高作物的光合效能，叶色浓绿，叶片舒展增厚；促进花芽分化，减少落花落果及畸形果。

③大幅度提高作物产量，且提早上市 3～7 天；改善作物品质，增强果实的风味和口感，保鲜耐储，提高作物的商品经济价值。

④提高作物的抗寒、抗旱、抗涝、抗干热风能力,有助于灾后作物恢复生长,提高作物抗病虫害的能力,对病毒病有显著的预防效果。

⑤产品用量少,效力高,无毒无污染,符合绿色食品生产要求。

使用方法:叶面喷施稀释 1000 ~ 1200 倍;浸种拌种稀释 800 ~ 1000 倍。

适合作物:粮食作物、蔬菜、果树、烟草、中药材、食用菌、花卉、草坪等。

雷力 2000 功能型复合液肥系列产品

黄叶敌

作用功效:有利于作物对营养物质的吸收利用和传导,使叶片大而肥厚,色泽浓绿,改善作物品质,提高产量;特有的螯合微量对由缺素引起的黄叶、小叶、卷叶及落叶症状有良好的预防效果;已发生上述病害的,喷施后能迅速恢复。

使用方法:稀释 800 ~ 1000 倍叶面喷施,每两周喷一次,以预防为主。作物缺素症状出现时,及时喷施,利于恢复生长。

果蔬艳

作用功效:海洋生物活性配方,促进花芽分化,保花保果率高;易于果蔬自然着色,果个均匀,鲜艳亮泽,果香味浓,保证果蔬提早上市并延长采摘期,提高果蔬耐贮运能力及货架期;增加营养物质富集,并提高果实的含糖量和商品化率,进而增加经济效益。

使用方法:稀释 800 ~ 1000 倍叶面喷施,持续采摘的果类作物在采摘期每隔 10 ~ 15 天喷施一次,叶菜类生长中期使用 2 ~ 3 次,采收前 15 天喷施一次效果更佳。

根旺

作用功效:特含海藻促根、活根配方,提高移苗的成活率,缩短缓苗时间,促进生根及根系生长;供给全面的营养,促进根部膨大,提高块根、块茎类作物产量;改良根部土壤,恢复土壤活力,提高作物抗病、抗逆能力。

使用方法:稀释 100 ~ 200 倍液蘸根后移栽,稀释 1500 ~ 2000 倍灌根。

抗逆增产灵

作用功效：产品含天然植物生长调节物质、海藻活性物质和大量、微量元素且吸收利用率高，喷施后能提高作物抗寒、抗旱、抗病、抗涝、抗干热风的能力；对雹灾、冻害、旱灾、受肥害药害后的作物恢复生长有明显的作用。

使用方法：稀释 800～1000 倍叶面喷施，每两周喷施一次，气候变恶劣时，及时喷施，受灾作物每 10 天喷 1 次，连续 2～3 次。

营养态液钙

产品类别：含中量元素可溶性肥料，高钙型氨基酸液肥。

主要成分；钙≥100 克/升　氨基酸≥100 克/升

作用功效：小分子游离态氨基酸能迅速补充叶面营养，改善作物品质。可满足果实膨大期对钙的大量需求，促进作物生长，增加细胞壁硬度，防止细胞破裂，增强植物对病害侵染的抵抗力，预防缺钙引起的生理病害，延长贮藏期和货架期，具有营养、补钙的双重功效。

使用方法：花后 2～6 周内喷施，稀释浓度为 500～800 倍

适合作物：各类蔬菜及果树。

超螯合态液钙

产品类别：含中量元素可溶性肥料（螯合型氨基酸钙液肥），强效补钙。

主要成分：钙≥100 克/升（其中螯合态钙≥50 克/升），氨基酸≥100 克/升，其他：硼≥15 克/升。

作用功效：超螯合态液钙采用国际先进的螯合技术，具有极高的生物利用率，是目前世界上最先进的补钙配方。用于预防大田作物、蔬菜、果树、经济作物、园艺作物缺钙引起的脐腐病、心腐病、苦痘病、水心病等生理病害。提高果皮韧度，延长果实的储藏期。

使用方法：花后 2～6 周内，稀释 1000～1500 倍喷施。注意：果实缺钙应喷施到果实表面。

适合作物：各类蔬菜及果树。

朋友情

产品类别：微量元素叶面肥，具有保花保果作用主要成分：硼＋钼≥

100 克/升

作用功效:可有效解决成花少、坐果难问题,能促进花芽分化,保证花量充足,提高坐果率,防落花落果,减少畸形果;防止作物因缺硼而引起的生理病害,如蕾而不花、花而不实、缩果病、空心果等,提高产品的品质和商品价值。

使用方法:叶面喷施,稀释浓度为 1000~1500 倍

适合作物:番茄、西瓜、苹果、梨、枣、葡萄、桃、杏、油菜、花生、黄瓜、甘蓝、花椰菜等。

消抗液Ⅲ

产品类别:农药增效助剂

技术指标:高活性渗透剂和展着剂≥60%,pH 值:5~7

表面张力:3.5×10~4(N/m),穿透比:150

作用功效:产品本身无毒,与农药混合后,成功地改进了农药的湿润、展着等性能,迅速在作物、害虫表面形成一层药膜,加快了农药的穿透速度,使之分散均匀并能迅速击中靶标,迅速杀死病菌、杂草、害虫,从而达到增加防效,减少农药使用量,同时减少对环境污染的目的。

使用方法:最佳稀释倍数为 4000 倍,每喷雾器(15 千克水)只需加入 4 克即可。将各类农药先对水配成所需浓度的稀释液,然后再加入消抗液Ⅲ型,搅拌均匀后喷施。每亩每次用量 8~12 克,可适当减少农药用量的 1/3~1/2,各类农药制剂都适合。

富迪生

产品类别:含腐殖酸可溶性肥料

主要成分:腐殖酸≥40 克/升　氮+磷+钾≥200 克/升

作用功效:促进种子萌发,提高出苗率,促进细胞分裂,加快植物生长发育和营养运输与积累,提高抗寒、抗旱、抗盐碱、抗倒伏能力,提高作物产量,促进蔬菜果实膨大、增甜、着色、防锈果,改善土壤理化性状,提高土壤中化肥的利用率。

使用方法:叶面喷施,稀释 600~800 倍;灌根,稀释 1000 倍

适合作物:粮食作物、蔬菜、果树、烟草、食用菌、中药材、花卉、草坪等。

海得丰

产品类别:含海藻酸可溶性肥料

主要成分:海藻酸≥10%,氮+磷+钾≥18%,有机质≥40%

其他成分:含氨基酸、海藻活性物质、维生素、稀有微量元素、海藻多糖等。

作用功效:增加花芽数目,促进提早开花,提高坐果率,提早成熟,并可显著提高农作物产量。改善农产品品质、增加营养,提高商品价值。增强农作物的免疫力,可有效地预防植物由于缺素而引起的生理病害。有利于雹灾、旱灾、冻害、药害后恢复生长。含有天然土壤调理剂,可增加土壤的生物活力,改良土壤。与其他农药、肥料混用能提高药效。产品经过欧盟有机认证,可用于有机农业的生产,是纯天然的肥料。

使用方法:叶面喷施,稀释3000~5000倍,灌根:稀释5000~6000倍。

适合作物:粮食作物、蔬菜、果树、烟草、食用菌、中药材、花卉、草坪等。

极可善

产品类别:高效广谱植物免疫调理剂

主要成分:甲壳胺低聚糖≥26克/升,氮+磷+钾≥120克/升

作用功效:促进植物生长,根量多、叶片大,提高产量,改善品质;活化细胞,提高肥料的利用率;促进植物愈伤组织形成,提高作物的免疫力,抵抗真菌、细菌、病毒的侵扰,对病毒病、枯萎病、根结线虫有显著的预防效果。

使用方法:浸种:播种前,稀释800~1000倍,浸种6小时;灌根:稀释500~600倍,根部浇灌1~2次;叶面喷施:稀释600~800倍喷雾,每间隔7~10天一次,连用2~3次。

海肥施

产品类别:海藻有机复合冲施肥、喷淋肥(高氮型 高钾型)

主要成分:氮+磷+钾≥44%,腐殖酸≥6%,海藻素≥5%

其他成分:海藻活性物质、氨基酸、微量元素及其他有机活性成分。

作用功效:最新科技精制而成,内含营养、调节、抗病等多种有效成分。提高作物的免疫能力,抵御土传病害能力显著提高。采用超渗透技

术，吸收快、见效快，使用本品2小时后作物开始吸收，1天后叶片开始变厚变绿，光合作用能力增强。可大幅度增加产量，蔬菜、瓜果可提早7～10天上市。

使用方法：随水冲施，浇水时在垄沟口随水冲施；苗期每亩每次4～6千克，生长中、后期每亩每次10～12千克，每隔15天冲施一次。

适合作物：粮食作物、蔬菜、果树、烟草、中药材、花卉、草坪等。

雷力海藻有机复合颗粒肥系列产品

雷力15%有机无机复合颗粒肥（含海藻活性物质）	N-P-K：7-2-6 有机质：20% 海藻活性物：15% 中微量元素：Ca、Mg、S、Fe、Zn、Cu等40余种	底肥：大田作物每亩用量50～75千克；大棚蔬菜每亩用量75～100千克；一年生果树每棵1～2千克，多年生果树每棵3～4千克，要开沟深施。追肥：每次亩用量20～30千克，果树应在秋末或早春以30厘米深的环形或放射形沟施，每棵1～2千克。可与化肥配合使用，使用量酌减
雷力复混肥料（含海藻活性物质）	N-P-K：8-8-9 （N-P-K：10-6-9） （N-P-K：6-6-13） （N-P-K：10-15-5） 有机质：10% 海藻活性物：10% 中微量元素：Ca、Mg、S、Fe、Zn、Cu等40余种	底肥：大田作物每亩用量40～50千克，大棚蔬菜每亩用量60～80千克；一年生果树每棵1～2千克，多年生果树每棵2～3千克，要开沟深施。追肥：每次亩用量15～25千克，果树应在秋末或早春以30厘米深的环形或放射形沟施，每棵1～2千克

主要参考文献

吕增仁著．杏树栽培与杏加工．北京:科技文献出版社,1990
张加延著．杏树栽培技术．沈阳:辽宁科技出版社,1992
周彬、章创生著．仁用杏．西安:陕西科技出版社,1998
汪景彦主编．答果农问．北京:中国林业出版社,2004
吴国兴著．杏树保护地栽培．北京:金盾出版社,2001

作者简介

温林柱:1958 年出生。1982 年毕业于河北农业大学园艺系。现工作单位为河北省蔚县杏扁经销总公司,职称高级农艺师。为中国园艺学会李杏分会第一届、第二届理事。1984 年至现在,一直从事杏树科研及生产推广工作,多次参加或主持杏树科研课题,二次获得省级科技进步奖,七次获得地市厅级科技进步奖,二次被评为全省山区技术开发先进个人。多次参加全国性学术研讨会,发表论文 8 篇。

联系方式:电话:0313-7018532(宅电)
7188297(小灵通)
手机:13333130719
地址:河北蔚县县城胜利路蔚县绿丰农资服务部